디오판토스가 만든 방정식

12 디오판토스가 만든 방정식

초판 1쇄 인쇄일 | 2008년 2월 25일
초판 9쇄 발행일 | 2021년 2월 5일

지은이 | 홍선호
펴낸이 | 정은영
펴낸곳 | (주)자음과모음

출판등록 | 2001년 11월 28일 제2001-000259호
주　　소 | 04047 서울시 마포구 양화로6길 49
전　　화 | 편집부 (02)324-2347, 경영지원부 (02)325-6047
팩　　스 | 편집부 (02)324-2348, 경영지원부 (02)2648-1311
e-mail | jamoteen@jamobook.com

ISBN 978-89-544-1654-2 (04410)

* 잘못된 책은 교환해드립니다.

천재들이 만든
수학퍼즐

12 디오판토스가 만든 방정식

홍선호(M&G 영재수학연구소 소장) 지음

(주)자음과모음

추천사

수학에 대한 막연한 공포를 단번에 날려 버리는 획기적 수학 퍼즐 책!

추천사를 부탁받고 처음 원고를 펼쳤을 때, 저도 모르게 탄성을 질렀습니다. 언젠가 제가 한번 써 보고 싶던 내용이었기 때문입니다. 예전에 저에게도 출판사에서 비슷한 성격의 책을 써 볼 것을 권유받은 적이 있었는데, 재미있겠다 싶었지만 시간이 없어서 거절해야만 했습니다.

생각해 보면 시간도 시간이지만 이렇게 많은 분량을 쓰는 것부터가 벅찬 일이었던 것 같습니다. 저는 한 권 정도의 분량이면 이와 같은 내용을 다룰 수 있을 거라 생각했는데, 이번 책의 원고를 읽어 보고 참 순진한 생각이었음을 알았습니다.

저는 지금까지 수학을 공부해 왔고, 또 앞으로도 계속 수학을 공부할 사람으로서, 수학이 대단히 재미있고 매력적인 학문이라 생각합니다만, 대부분의 사람들은 수학을 두려워하며 두 번 다시 보고 싶지 않은 과목으로 생각합니다. 수학이 분명 공부하기에 쉬운 과목은 아니지만, 다른 과목에 비해 '끔찍한 과목' 으로 취급받는 이유가 뭘까요? 제 생각으로는 '막연한 공포' 때문이 아닐까 싶습니다.

무슨 뜻인지 알 수 없는 이상한 기호들, 한 줄 한 줄 따라가기에도 벅찰 만큼 어지럽게 쏟아져 나오는 수식들, 그리고 다른 생각을 허용하지 않는 꽉 짜여진 '모범 답안'이 수학을 공부하는 학생들을 옥죄는 요인일 것입니다.

알고 보면 수학의 각종 기호는 편의를 위한 것인데, 그 뜻을 모른 채 무작정 외우려다 보니 더욱 악순환에 빠지는 것 같습니다. 첫 단추만 잘 끼우면 수학은 결코 공포의 대상이 되지 않을 텐데 말입니다.

제 자신이 수학을 공부하고, 또 가르쳐 본 사람으로서, 이런 공포감을 줄이는 방법이 무엇일까 생각해 보곤 했습니다. 그 가운데 하나가 '친숙한 상황에서 제시되는, 호기심을 끄는 문제'가 아닐까 싶습니다. 바로 '수학 퍼즐'이라 불리는 분야입니다.

요즘은 수학 퍼즐에 관련된 책이 많이 나와 있지만, 제가 《재미있는 영재들의 수학퍼즐》을 쓸 때만 해도, 시중에 일반적인 '퍼즐 책'은 많아도 '수학 퍼즐 책'은 그리 많지 않았습니다. 또 '수학 퍼즐'과 '난센스 퍼즐'이 구별되지 않은 채 마구잡이로 뒤섞인 책들도 많았습니다.

그래서 제가 책을 쓸 때 목표로 했던 것은 비교적 수준 높은 퍼즐들을 많이 소개하고 정확한 풀이를 제시하자는 것이었습니다. 목표가 다소 높았다는 생각도 듭니다만, 생각보다 많은 분들이 찾아 주어 보통 사람들이 '수학 퍼즐'을 어떻게 생각하는지 알 수 있는 좋은 기회가 되기도 했습니다.

문제와 풀이 위주의 수학 퍼즐 책이 큰 거부감 없이 '수학을 즐기는 방법' 을 보여 주었다면, 그 다음 단계는 수학 퍼즐을 이용하여 '수학을 공부하는 방법' 이 아닐까 싶습니다. 제가 써 보고 싶었던, 그리고 출판사에서 저에게 권유했던 것이 바로 이것이었습니다.

수학에 대한 두려움을 없애 주면서 수학의 기초 개념들을 퍼즐을 이용해 이해할 수 있다면, 이것이야말로 수학 공부의 첫 단추를 제대로 잘 끼웠다고 할 수 있지 않을까요? 게다가 수학 퍼즐을 풀면서 느끼는 흥미는, 이해도 못한 채 잘 짜인 모범 답안을 달달 외우는 것과는 전혀 다른 즐거움을 줍니다. 이런 식으로 수학에 대한 두려움을 없앤다면 당연히 더 높은 수준의 수학을 공부할 때도 큰 도움이 될 것입니다.

그러나 이런 이해가 단편적인 데에서 그친다면 그 한계 또한 명확해질 것입니다. 다행히 이 책은 단순한 개념 이해에 그치지 않고 교과 과정과 연계하여 학습할 수 있도록 구성되어 있습니다. 이 과정에서 퍼즐을 통해 배운 개념을 더 발전적으로 이해하고 적용할 수 있어 첫 단추만이 아니라 두 번째, 세 번째 단추까지 제대로 끼울 수 있도록 편집되었습니다. 이것이 바로 이 책이 지닌 큰 장점이자 세심한 배려입니다. 그러다 보니 수학 퍼즐이 아니라 약간은 무미건조한 '진짜 수학 문제' 도 없지는 않습니다. 그러나 수학을 공부하기 위해 반드시 거쳐야 하는 단계라고 생각하세요. 재미있는 퍼즐을 위한 중간 단계 정도로 생각하는 것도 괜찮을 것 같습니다.

수학을 두려워하지 말고, 이 책을 보면서 '교과서의 수학은 약간 재미없게 만든 수학 퍼즐' 일 뿐이라고 생각하세요. 하나의 문제를 풀기 위해 요모조모 생각해 보고, 번뜩 떠오르는 아이디어에 스스로 감탄도 해 보고, 정답을 맞히는 쾌감도 느끼다 보면 언젠가 무미건조하고 엄격해 보이는 수학 속에 숨어 있는 아름다움을 음미하게 될 것입니다.

고등과학원 연구원

박 부 성

추 천 사

영재교육원에서 실제 수업을 받는 듯한 놀이식 퍼즐 학습 교과서!

《천재들이 만든 수학퍼즐》은 '우리 아이도 영재 교육을 받을 수 없을까?' 하고 고민하는 학부모들의 답답한 마음을 시원하게 풀어 줄 수학 시리즈물입니다.

이제 강남뿐 아니라 우리 주변 어디에서든 대한민국 어머니들의 불타는 교육열을 강하게 느낄 수 있습니다. TV 드라마에서 강남의 교육을 소재로 한 드라마가 등장할 정도니 말입니다.

그러나 이러한 불타는 교육열을 충족시키는 것은 그리 쉬운 일이 아닙니다. 서점에 나가 보면 유사한 스타일의 문제를 담고 있는 도서와 문제집이 다양하게 출간되어 있지만 전문가들조차 어느 책이 우리 아이에게 도움이 될 만한 좋은 책인지 구별하기가 쉽지 않습니다. 이렇게 천편일률적인 책을 읽고 공부한 아이들은 결국 판에 박힌 듯 똑같은 것만을 익히게 됩니다.

많은 학부모들이 '최근 영재 교육 열풍이라는데……' '우리 아이도 영재 교육을 받을 수 없을까?' '혹시…… 우리 아이가 영재는 아닐까?' 라고 생각하면서도, '우리 아이도 가정 형편만 좋았더라면……' '우리 아이도 영재교육원에 들어갈 수만 있다면……' 이라고 아쉬움을 토로하는 것이 현실입니다.

현재 우리나라 실정에서 영재 교육은 극소수의 학생만이 받을 수 있는 특권적인 교육 과정이 되어 버렸습니다. 그래서 더더욱 영재 교육에 대한 열망은 높아집니다. 특권적 교육 과정이라고 표현했지만, 이는 부정적 표현이 아닙니다. 대단히 중요하고 훌륭한 교육 과정이지만, 많은 학생들에게 그 기회가 돌아가기 힘들다는 단점을 지적했을 뿐입니다.

이번에 이러한 학부모들의 열망을 실현시켜 줄 수학책 《천재들이 만든 수학퍼즐》 시리즈가 출간되어 장안의 화제가 되고 있습니다. 《천재들이 만든 수학퍼즐》은 영재 교육의 커리큘럼에서 다루는 주제를 가지고 수학의 원리와 개념을 친절하게 설명하고 있어 책을 읽는 동안 마치 영재교육원에서 실제로 수업을 받는 느낌을 가지게 될 것입니다.

단순한 문제 풀이가 아니라 하나의 개념을 여러 관점에서 풀 수 있는 사고력의 확장을 유도해서 다양한 사고방식과 창의력을 키워 주는 것이 이 시리즈의 장점입니다.

여기서 끝나지 않습니다. 《천재들이 만든 수학퍼즐》은 제목에서 나타나듯 천재들이 만든 완성도 높은 문제 108개를 함께 다루고 있습니다. 이 문제는 초급 · 중급 · 고급 각각 36문항씩 구성되어 있는데, 하나같이 본편에서 익힌 수학적인 개념을 자기 것으로 충분히 소화할 수 있도록 엄선한 수준 높고 다양한 문제들입니다.

수학이라는 학문은 아무리 이해하기 쉽게 설명해도 스스로 풀어 보지 않으면 자기 것으로 만들 수 없습니다. 상당수 학생들이 문제를 풀어 보는 단계에서 지루함을 못 이겨 수학을 쉽게 포기해 버리곤 합니다. 하지만 《천재들이 만든 수학퍼즐》은 기존 문제집과 달리 딱딱한 내용을 단순 반복하는 방식을 탈피하고, 빨리 다음 문제를 풀어 보고 싶게끔 흥미를 유발하여, 스스로 문제를 풀고 싶은 생각이 저절로 들게 합니다.

문제집이 퍼즐과 같은 형식으로 재미만 추구하다 보면 핵심 내용을 빠뜨리기 쉬운데 《천재들이 만든 수학퍼즐》은 흥미를 이끌면서도 가장 중요한 원리와 개념을 빠뜨리지 않고 전달하고 있습니다. 이것이 다른 수학 도서에서는 볼 수 없는 이 시리즈만의 미덕입니다.

초등학교 5학년에서 중학교 1학년까지의 학생이 머리는 좋은데 질 좋은 사교육을 받을 기회가 없어 재능을 계발하지 못한다고 생각한다면 바로 지금 이 책을 읽어 볼 것을 권합니다.

메가스터디 엠베스트 학습전략팀장

최 남 숙

머리말

핵심 주제를 완벽히 이해시키는 주제 학습형 교재!

영재 수학 교육을 받기 위해 선발된 학생들을 만나는 자리에서, 또는 영재 수학을 가르치는 선생님들과 공부하는 자리에서 제가 생각하고 있는 수학의 개념과 원리 그리고 수학 속에 담긴 철학에 대한 흥미로운 이야기를 소개하곤 합니다. 그럴 때면 대부분의 사람들은 반짝이는 눈빛으로 저에게 묻곤 합니다.

"아니, 우리가 단순히 암기해서 기계적으로 계산했던 수학 공식들 속에 그런 의미가 있었단 말이에요?"

위와 같은 질문은 그동안 수학 공부를 무의미하게 했거나, 수학 문제를 푸는 기술만을 습득하기 위해 기능공처럼 반복 훈련에만 매달렸다는 것을 의미합니다.

이 같은 반복 훈련으로 인해 초등학교 저학년 때까지는 수학을 좋아하다가도 학년이 올라갈수록 수학에 싫증을 느끼게 되는 경우가 많습니다. 심지어 많은 수의 학생들이 수학을 포기한다는 어느 고등학교 수학 선생님의 말씀은 이런 현상을 반영하는 듯하여 씁쓸한 기분마저 들게 합니다. 더군다나 학창 시절에 수학 공부를 잘해서 높은 점수를 받았던 사람들도 사회에 나와서는 그렇게 어려운 수학을 왜 배웠는지 모르겠다고 말하는 것을 들을 때면 씁쓸했던 기분은 좌절감으로 변해 버리곤 합니다.

수학의 역사를 살펴보면, 수학은 인간의 생활에서 절실히 필요했기 때문에 탄생했고, 이것이 발전하여 우리의 생활과 문화가 더욱 윤택해진 것을 알 수 있습니다. 그런데 왜 현재의 수학은 실생활과는 별로 상관없는 학문으로 변질되었을까요?

교과서에서 배우는 수학은 $\frac{1}{2} \div \frac{2}{3} = \frac{1}{2} \times \frac{3}{2} = \frac{3}{4}$의 수학 문제처럼 '정답은 얼마입니까?' 에 초점을 맞추고 답이 맞았는지 틀렸는지에만 관심을 둡니다.

그러나 우리가 초점을 맞추어야 할 부분은 분수의 나눗셈에서 나누는 수를 왜 역수로 곱하는지에 대한 것들입니다. 학생들은 선생님들이 가르쳐 주는 과정을 단순히 받아들이기보다는 끊임없이 궁금증을 가져야 하고 선생님은 학생들의 질문에 그들이 충분히 이해할 수 있도록 설명해야 할 의무가 있습니다. 그러기 위해서는 수학의 유형별 풀이 방법보다는 원리와 개념에 더 많은 주의를 기울여야 하고 또한 이를 바탕으로 문제 해결력을 기르기 위해 노력해야 할 것입니다.

앞으로 전개될 영재 수학의 내용은 수학의 한 주제에 대한 주제 학습이 주류를 이룰 것이며, 이것이 올바른 방향이라고 생각합니다. 따라서 이 책도 하나의 학습 주제를 완벽하게 이해할 수 있도록 주제 학습형 교재로 설계하였습니다.

끝으로 이 책을 출간할 수 있도록 배려하고 격려해 주신 (주)자음과모음의 강병철 사장님께 감사드리고, 기획실과 편집부 여러분들께도 감사드립니다.

2008년 2월 M&G 영재수학연구소

홍 선 호

차 례

MAGIC
SHOW

A 주제 설정의 취지 및 장점

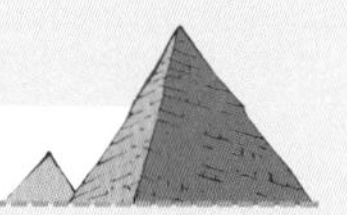

우리 생활 주변에서 흔히 볼 수 있는 문제를 문자를 이용하여 식으로 표현하면, 간략하고 명확하게 나타낼 수 있으며 문제를 해결하기도 쉽습니다. 그런데 이러한 문제는 대개 방정식으로 나타나는 경우가 많습니다. 수학적 문장을 문자를 사용하여 간결하게 표현하였던 것을 등식의 성질을 이용하여 일차방정식의 해를 구해봅니다. 방정식의 가장 기초적인 형태는 미지수가 1개인 일차방정식입니다. 여기에 미지수의 개수를 추가하여 부정 방정식을 만들 수 있고, 미지수의 개수만큼 여러 개의 방정식을 동시에 만족시키는 미지수의 값을 구하고자 할 때에는 연립방정식을 만들 수 있습니다.

실생활에서 부딪히는 여러 가지 조건들을 모두 만족시키는 어떤 값을 구하고자 할 때, 연립방정식의 해를 구해야만 합니다. 또한 이차방정식은 일차방정식과 함께 여러 가지 문제를 해결하는 기본 수단일

뿐만 아니라 도형 연구 등의 여러 가지 수학적인 사고의 바탕이 되는 기본 개념입니다. 따라서 방정식은 여러 가지 문제를 해결하기 위해서 인류가 생각해 낸 강력한 수학적인 수단으로써 아득한 옛날부터 연구되어 왔고 대수적 근간이 될 정도로 매우 중요한 내용입니다.

B 교과 과정과의 연계

구분	학년	단원	연계되는 수학적 개념과 원리
중학교	7-가	문자의 이용	• 문자를 사용하여 나타내고자 하는 것을 간단히 나타낼 수 있다.
	7-가	일차방정식과 그 해	• 주어진 값이 방정식의 해가 되는지 판별할 수 있다.
	7-가	등식의 성질	• 등식의 성질을 이용하여 방정식의 해를 구할 수 있다.
	8-가	다항식의 연산	• 다항식의 덧셈과 뺄셈 • 등식을 특정한 문자에 관해 풀기
	8-가	미지수가 2개인 일차 방정식과 연립일차방정식	• 미지수가 2개인 일차방정식의 해 구하기 • 연립방정식의 해 구하기
	8-가	연립일차방정식	• 연립방정식의 해 구하기 • 그 해의 뜻 알기
	8-가	이차방정식과 그 활용	• 이차방정식을 활용하여 실생활 문제 풀기
고등학교	10-가	인수분해	• 다항식을 두 개 이상의 다항식의 곱으로 나타내기
	10-가	연립방정식	• 연립방정식의 미지수를 소거하여 풀기 – 가감법, 대입법

C 이 책에서 배울 수 있는 수학적 원리와 개념

1. 수학에서 중요한 역할을 담당하고 있는 공식은 수를 문자로 바꾸어 놓는다는 생각을 바탕으로 하고 있다는 것을 알 수 있습니다.
2. 공식은 긴 말로 설명되어 있는 문장을 간단한 문자식으로 나타낸 것이며, 이러한 문자식의 발전은 수학을 획기적으로 발전시키는 계기가 되었다는 것을 알 수 있습니다.
3. 방정方程이라는 말을 쓰게 된 유래를 알 수 있습니다.
4. 인류가 생각해 낸 강력한 수학적인 수단인 방정식을 이집트 사람들은 어떻게 사용했었는지 알 수 있습니다.
5. 모르는 것을 안다고 생각하는 사고의 대전환이 어떻게 이루어졌는지 알 수 있습니다.
6. 복잡한 계산 과정을 그림이나 문자를 이용하면 얼마나 손쉽게 해결할 수 있는지 알 수 있습니다.
7. 등호=란 좌우의 값이 같다는 것을 의미하는데, 등호의 성질을 이용하여 문제를 해결하는 방법을 알 수 있습니다.
8. 이차방정식의 의미를 넓이의 의미로 이해하는 방법을 알 수 있습니다.

D 각 교시별로 소개되는 수학적 내용

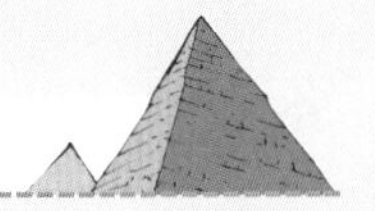

1교시_ 방정식이란 무엇인가?

산수와 수학의 차이점은 문자를 사용하느냐 사용하지 않느냐에 있다고 볼 수 있습니다. 따라서 문자를 사용한 문자식의 발전은 수학을 획기적으로 발전시키는 계기가 되었습니다. 문자를 처음으로 사용한 사람과 그 이유를 알려 주고, 우리나라에서 '방정' 이란 용어를 사용하게 된 이유도 소개됩니다.

2교시_ 옛날 이집트 사람들의 방정식

이집트에서 발견된 린드 파피루스에는 그 당시 사람들이 사용했던 가정법으로 방정식을 해결하는 방법이 소개되어 있다는 것을 알려줍니다. 가정법으로 방정식을 해결하는 것은 이집트뿐만 아니라 인도와 중국에서도 사용되어 왔다는 것을 소개하고 있습니다.

3교시_ 모르는 것을 아는 것처럼 해결하기

디오판토스는 모르는 수를 x로 놓고 식을 만들어 풀 수 있는 방법을 생각해냈습니다. 디오판토스가 생각한 획기적인 방법이 무엇인지, 그리고 이러한 방법이 대수학적으로 어떤 의미가 있는지 설명해 주고 있습니다.

4교시_ 복잡한 계산을 문자를 이용해서 쉽게 해결하기

복잡해 보이는 계산 과정을 그림이나 문자를 사용하면 쉽게 해결할 수 있는 원리를 설명하고 있습니다. 복잡한 계산식을 문자식으로 나타내는 것이 대수인데, 보통 대수라 하면 '방정식을 푸는 일' 로 생각될 정도로 대수에서는 방정식이 많이 나오는 것을 설명하고 있습니다.

5교시_ 등식의 성질을 이용하여 해결하기

등식이란 등호=가 있는 식을 말합니다. 등호를 이용한 계산이 우리 자신도 모르게 실생활에서 활발하게 사용되고 있는 예들과 등식의 네 가지 성질에 대하여 자세히 설명하고 있습니다.

6교시_ 일차방정식

'이항의 원리' 라는 것이 마치 신기한 것을 설명하고 있는 것처럼 보일지 모르나 이것은 일상 속에서 너무나도 당연히 받아들여지고 있는 개념입니다. 이항의 원리에 따라 미지수 대신 문자 x라는 기호를 쓰면 일차방정식이 만들어진다는 것을 설명하고 있습니다.

7교시_ 연립방정식

미지수가 2개인 일차방정식에서 해를 구하기 위해서는 2개의 식이 필요하고, 이 두 개의 식을 동시에 만족시키는 x와 y의 값을 찾아야 하는 이유를 설명하고 있습니다. 또한 연립방정식을 표를 이용하여 해를 구하는 의미가 무엇인지 알려주고 있습니다.

8교시_ 다항식의 전개와 인수분해

다항식의 전개를 선분 계산에 의해 구하는 방법을 소개하고 있으며, 모든 다항식의 전개는 분배법칙을 이용하고, 전개의 역연산과 같은 인수분해의 의미를 인수와 요소라는 단어의 뜻으로 소개하고 있습니다. 그러나 전개하는 것과 인수분해 하는 것 사이에는 무게감의 차이가 있음을 느끼게 해 줍니다.

9교시_ 이차방정식과 해법

이차방정식을 그리스인들처럼 이해하는 방법을 먼저 소개한 후 일차방정식과의 차이점에 대해 설명하고 있습니다. 이차방정식의 해를 구할 때 인수분해라는 수학적 기교가 왜 필요한지 알려주고 있으며, 이차방정식의 해가 그래프에서 어떤 의미를 갖는 것인지 보여 주고 있습니다.

10교시_ 분수방정식

분수식에서 ÷ 기호를 사용하지 않는 이유와 분수식의 분모 부분이

0이 되어서는 안 되는 이유를 설명하고 있습니다. 그리고 분수식에서 약분과 통분하는 방법과, 이러한 과정에서 분수방정식이 그 모습을 버리고 일반 방정식이 되는 과정을 소개하고 있습니다.

E 이 책의 활용 방법

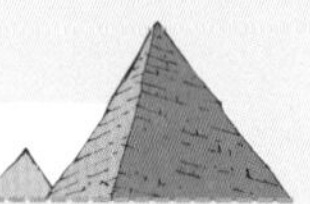

E-1. 《디오판토스가 만든 방정식》의 활용

1. 말로 된 문장을 그림이나 문자로 된 식으로 만들어 문제를 해결하는 것이 좋습니다.
2. 옛날 이집트인들이 사용했던 가정법보다 오늘날 우리들이 사용하는 방정식을 해결하는 방법이 왜 더 효과적인지 이해하는 것이 좋습니다.
3. 모르는 것을 마치 아는 것처럼 x라는 문자로 놓고 문제를 해결한 창의적인 아이디어의 훌륭함을 느껴보는 것이 바람직합니다.
4. 다항식의 전개와 인수분해와의 관계를 정확히 아는 것이 좋습니다.
5. 여러 가지 복잡한 방정식의 문제를 포트폴리오를 이용하여 해

결하는 것이 바람직합니다.

E-2. 《디오판토스가 만든 방정식-익히기》의 활용

1. 난이도에 따라 순으로 초급, 중급, 고급으로 나누었습니다. 따라서 '초급 → 중급 → 고급' 순으로 문제를 해결하는 것이 좋습니다.
2. 교시별로, '초급 → 중급 → 고급' 문제 순으로 해결해도 좋습니다.
3. 문제를 해결하다 어려움에 부딪히면, 문제 상단부에 표시된 교시의 '학습 목표' 로 돌아가 기본 개념을 충분히 이해한 후 다시 해결하는 것이 바람직합니다.
4. 문제가 쉽게 해결되지 않는다고 해서 바로 해답을 확인하는 것은 사고력을 키우는데 도움이 되지 않습니다.
5. 친구들이나 선생님, 그리고 부모님과 문제에 대해 토론해 보는 것도 아주 좋은 방법입니다.
6. 한 가지 방법으로만 문제를 해결하기보다는 다양한 방법으로 여러 번 풀어 보는 것이 좋습니다.

산가지를 늘어놓은 모양이 정사각형정방형 또는
직사각형장방형을 이룬다고 해서 '방方' 을 사용하였고,
사각형 안에 산가지를 나누어 놓는다고 해서 나눈다는
뜻의 '정程' 을 사용하여 사각으로 나누어 놓는다는 뜻의
'방정方程' 이란 말을 사용하게 되었습니다.

1교시 방정식이란 무엇인가?

1교시 학습 목표

1. 산수와 수학의 차이점을 알 수 있습니다.
2. 수를 문자로 바꾸어 놓는 의미를 알 수 있습니다.
3. 방정식의 의미와 발전 과정을 알 수 있습니다.

미리 알면 좋아요

1. **교환 법칙** 수 또는 식의 계산에서 계산의 순서를 바꾸어 계산하여도 그 결과가 같을 때, 그 계산은 교환 법칙이 성립한다고 합니다. 자연수에서는 덧셈의 교환 법칙 $a+b=b+a$와 곱셈의 교환 법칙 $a\times b=b\times a$가 성립됩니다.

   하지만 뺄셈과 나눗셈에 관한 교환 법칙은 성립하지 않습니다.

2. **공식** 계산의 방법이나 법칙을 문자로 나타낸 식을 말합니다.

   예를 들어 삼각형의 넓이를 구하는 공식을 $\mathrm{S}=\frac{1}{2}ah$라고 쓰는데 여기서 S는 넓이를, a는 밑변의 길이를, h는 높이를 나타내는 문자입니다.

1교시

몇 해 전까지만 해도 수학은 '산수'와 '수학'으로 나뉘어 있었습니다. 초등학교 과정까지는 산수라고 불렀으며 중학교 과정부터는 수학이라는 용어를 사용했습니다. 그렇다면 산수와 수학의 차이점은 무엇이기에 초등학교까지의 과정과 중학교 이상의 과정을 나누는 기준이 되었을까요?

산수와 수학의 차이점은 문자를 사용하느냐 사용하지 않느냐에 있다고 볼 수 있습니다. 다시 말해 **산수**는 계산을 수로써 하는 것을 말하며, **수학**은 계산을 문자로써 하는 것을 말합니다.

예를 들어 3×4와 4×3은 계산의 결과가 12로 같기 때문에, 3곱하기 4는 교환법칙이 성립한다고 말할 수 있습니다. 그런데 이러한 특수한 상황을 곱셈의 대상인 3과 4 같은 수 대신에 a와 b라는 문자로 바꾸어 주면 $a \times b$는 $b \times a$와 같이 모든 수에서 교환법칙이 성립함을 설명할 수 있습니다.

이렇게 특정한 수 대신에 a나 b와 같은 문자를 사용하는 것이 산수와 수학의 차이점입니다. 수학에서는 문자를 사용하여 어떤 내용을 나타내는 것을 아주 당연하게 생각하고 있습니다.

밑변의 길이가 3cm이고 높이가 4cm인 다음과 같은 삼각형의 넓이를 구해봅시다.

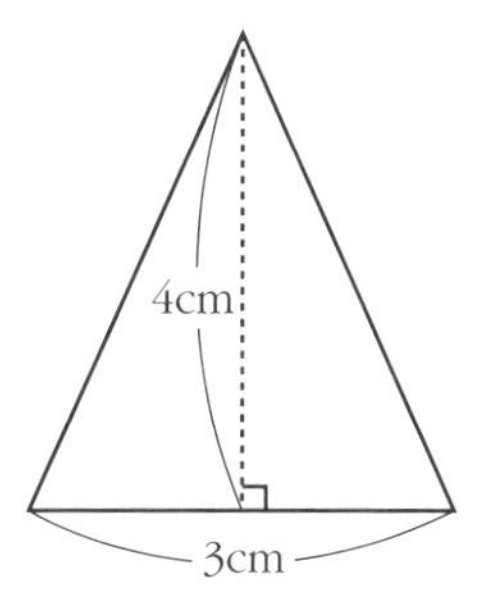

위의 삼각형의 넓이는 **밑변×높이÷2**이므로 $3 \times 4 \div 2 = 6\text{cm}^2$가 됩니다. 그런데 이러한 특수한 삼각형 대신에 밑변의 길이가 a이고 높이가 h인 다음과 같은 삼각형의 넓이를 구해 봅시다.

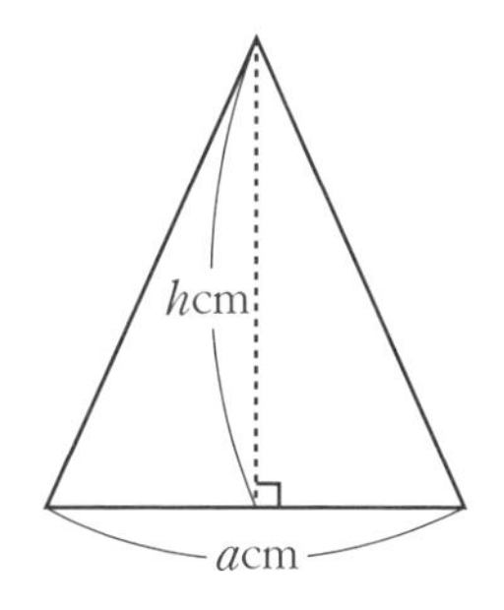

위의 삼각형의 넓이는 언제나 $a \times h \div 2$가 됩니다. 이처럼 수를 문자로 바꾸어 놓으면 언제나 똑같은 방법으로 삼각형의 넓이를 계산할 수 있다는 장점이 있습니다. 이런 것을 **공식**이라고 하며, 수학에서 중요한 역할을 담당하고 있는 공식은 수를 문자로 바꾸어 놓는다는 생각을 바탕으로 하고 있습니다.

공식은 긴 말로 설명되어 있는 것을 간단한 문자식으로 나타낸 것이며, 문자식의 발전은 수학이 획기적으로 발전하는 계기가 되었습니다. 우리가 수학에서 사용하는 문자의 기원은 디오판토스가 자신의 저서에서 문자를 사용하면서부터이며, 디오판토스에 대한 이야기는 2교시에서 소개할 것입니다.

그렇다면 디오판토스 이후에 문자를 일반적으로 사용하게 된 계기는 무엇일까요? 이것은 데카르트의 일화에서 찾아볼 수 있습니다.

어느 날 데카르트는 수학 논문을 완성하고 인쇄소를 찾았습니다. 자신의 논문을 책으로 만들기 위해서였습니다. 그런데 논문을 살피던 인쇄소 직원이 수학 논문에 한 가지 문자가 반복해서 많이 사용되고 있는 것을 발견했습니다. 그는 이 문자가 무엇을 의미하냐고 데카르트에게 물었습니다.

데카르트는 이 논문에서는 우리가 이미 알고 있는 숫자와 아직 정확히 알지 못하는 숫자를 구별해서 사용하고 있는데, 그 중에 아직 알지 못하는 숫자를 한 가지 문자로 결정해서 사용하고 있다고 설명했습니다. 그러자 그 인쇄소 직원은 반복해서 사용되고 있는 문자를 x로 바꾸어 써도 괜찮겠느냐고 물었

습니다. 왜냐하면 인쇄소에서 사용하는 활자 중에서 x가 다른 문자에 비해 여분이 많았기 때문입니다.

데카르트는 인쇄소 직원의 말에 동의하였고 알파벳 26자 중 x를 미지수로 사용하게 되었습니다.

이후 방정식은 유럽으로 전해져 문자와 함께 기호를 사용하면서 점차 단순한 문자식으로 변화하면서 더욱 발전하게 되었습니다. 수학의 여러 영역 중에서 특히 방정식을 발전시키기 위해서는 기존의 길고 복잡한 문장 형태를 더욱 간단한 식으로 나타낼 수 있어야 했습니다. 그러기 위해서 기호의 사용은 반드시 필요했습니다. 그래서 수학자들은 미지수를 문자로 나타냈고, +, −, ×, ÷, = 등과 같은 기호를 만들어 사용하였습니다.

그 결과 방정식은 더욱 수학적으로 세련되었으며, 더 어렵고 복잡한 고차방정식에 도달할 수 있게 되었습니다.

그렇다면 우리가 현재 사용하고 있는 '방정식方程式' 이란 말은 언제 어떻게 만들어졌을까요?

중국에서 가장 오래된 수학책인 《구장산술》의 제 8장 방정장에 나오는 문제를 보면, 어렵고 복잡한 문제를 다음과 같이 정사각형이나 직사각형에 산가지를 놓으면서 해결하고 있음을 볼 수 있습니다.

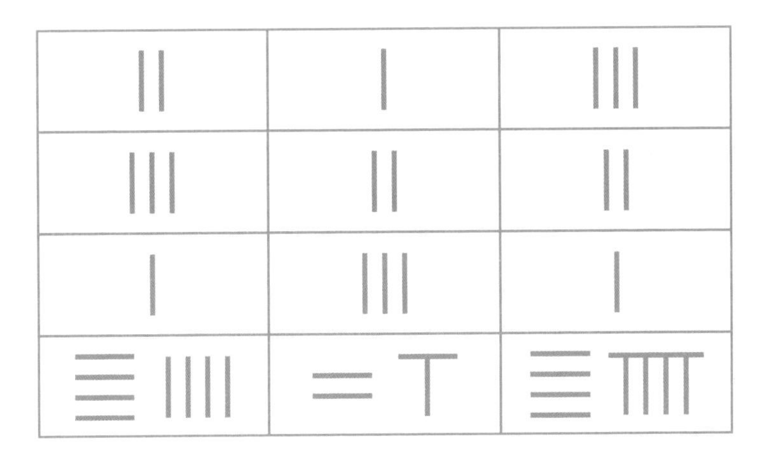

위와 같은 방법으로 어렵고 복잡한 문제를 산가지로 적당하게 배열한 후 더하거나 빼주면서 계산 결과를 얻었습니다.

이때 산가지를 늘어놓은 모양이 정사각형정방형 또는 직사각형장방형을 이룬다고 해서 '방方'을 사용하였고, 사각형 안에 산가지를 나누어 놓는다고 해서 나눈다는 뜻의 '정程'을 사용하여 사각으로 나누어 놓는다는 뜻의 '방정方程'이라는 말을 쓰게 되었는데, 우리나라도 중국에서 만든 이 말을 그대로 사용하게 되었습니다.

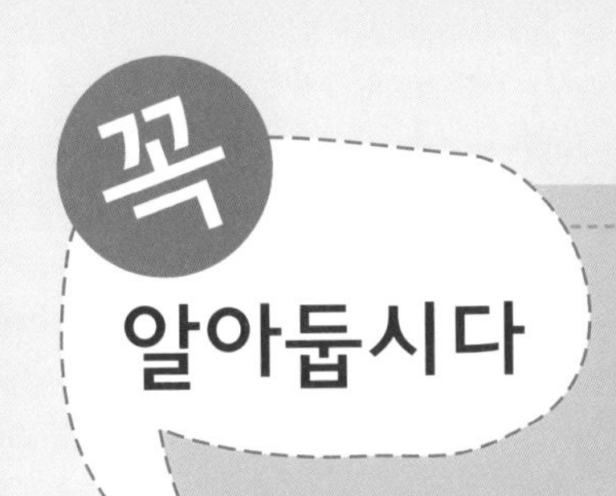

1. 수학에서 중요한 역할을 담당하고 있는 공식은 수를 문자로 바꾸어 놓는다는 생각을 바탕으로 하고 있습니다.

2. 산가지를 늘어놓은 모양이 정사각형정방형 또는 직사각형장방형을 이룬다고 해서 '방方' 을 사용하였고, 사각형 안에 산가지를 나누어 놓는다고 해서 나눈다는 뜻의 '정程' 을 사용하여 사각으로 나누어 놓는다는 뜻의 '방정方程' 이란 말을 사용하게 되었습니다.

파피루스란 나일강 습지에서 나는 갈대와 같은
식물로, 얇게 썰어서 가로 · 세로로 겹쳐서 압축한
거친 보드board지와 같은 종이를 말합니다.

2교시

옛날 이집트 사람들의 방정식

2교시 학습 목표

1. 이집트 사람들의 '아하'의 문제를 가정법을 사용하여 해결할 수 있습니다.
2. 이집트 시대의 방정식과 오늘날의 방정식의 차이를 알 수 있습니다.

미리 알면 좋아요

1. **미지수** 방정식에 들어 있는 문자를 '아니다'라는 뜻의 미(未)자와 '안다'라는 뜻의 지(知)자를 써서 '미지수'라고 합니다. 즉 값이 알려져 있지 않은 수를 미지수라고 합니다.
   미지수는 다양한 문자로 표현할 수 있지만 보통 x로 표현합니다.

2. **어림수** 정확한 숫자가 아닌 대략의 숫자를 말합니다. 정밀한 실제의 값을 알 수 없거나 사용할 필요가 없을 때 쓰입니다.

2교시

문제

다음의 문제를 옛날 이집트 사람들이 해결했던 방법으로 구하시오.

① 이집트 사람인 아메스가 남긴 파피루스에서는 분수를 비롯하여 많은 수학 문제가 나와 있는데 그 중에는 '아하 문제 아하란 알지 못하는 것을 말한다' 라는 것이 있습니다. 여기에서 말하는 아하란 어떤 수를 말하는지 구하시오,
아하와 아하의 $\frac{1}{7}$의 합이 19일 때, 그 아하를 구하시오.

② 디오판토스는 일생의 $\frac{1}{6}$을 소년 시절로 보냈고, 그 후 일생의 $\frac{1}{12}$을 지나서 수염을 길렀다. 다시 일생의 $\frac{1}{7}$을 지나 결혼을 하였고, 결혼 후 5년 만에 첫아들을 얻었다. 그의 아들은 아버지의 일생의 $\frac{1}{2}$을 살았고, 아버지보다 4년 앞서 세상을 떠났다.
디오판토스는 몇 살까지 살았는지 구하시오.

스코틀랜드의 골동품 수집가인 헨리 린드는 수년간 이집트를 여행하며 옛날 이집트의 골동품을 찾던 중에 다 쓰러져 가는 어느 마을의 허름한 집에서 여러 장의 파피루스를 발견하였습니다. 파피루스란 나일강 습지에서 나는 갈대와 같은 식물로, 얇게 썰어서 가로 · 세로로 겹쳐서 압축하여 만든 거친 보드board지와 같은 종이를 말합니다. 이 파피루스는 18feet×13inch의 두루마리로 되어 있었는데, 너무 오랜 세월이 지나 온통 먼지로 뒤덮이고 삭아서 거의 쓰레기처럼 보였으나 다행히 그 안의 내용은 거의 알아볼 수 있는 상태였습니다. 린드는 이 파피루스를 가지고 스코틀랜드로 돌아와 그 속에 담긴 내용을 분석하기 시작했습니다. 그 결과 옛날 이집트인들이 이미 숫자를 표현하는 방법을 알고 있었다는 사실을 알게 되었습니다. 그리고 간단한 분수의 계산을 단위분수를 사용하여 계산하고 있었으며 미지수를 아하hau라고 하는 문제들이 나타났는데, 이것은 지금의 수학적 지식으로 본다면 방정식입니다.

이 파피루스에 기록된 수학문제는 4부로 나뉘어 총 85문항이었습니다. 그러나 파피루스에 있는 수학 문제를 검토해 본

결과 수학적인 정리는 없었으며, 이는 수학적인 일반 계산 법칙이 거의 없었음을 알게 되었습니다. 이론적인 계산 방법을 모르고, 수학적 문제를 '가정법'이라 불리는 방법을 사용하여 해결하였던 것입니다.

여기서 말하는 가정법이란 아하hau의 값을 구하기 위해서 적당한 값을 어림짐작하여 아하 대신 넣어서 계산하는 방법을

말합니다. 하지만 이렇게 구한 답은 정확하지 않기 때문에 정답과 차이가 생겼습니다. 따라서 아하 대신 새롭게 짐작한 다른 값을 집어넣어 계산하는 일을 반복해야 했습니다. 이렇게 모르는 미지수를 구하기 위해 미지수를 아하로 표현하고 아하 대신에 여러 가지 값을 넣어서 정답과의 차이를 조금씩 줄여 나가는 가정법이 파피루스에 소개되어 있습니다.

방정식의 이러한 해결 방법은 이집트뿐만 아니라 이후에 인도의 수학에서도 사용되었다고 합니다. 이러한 문제는 오늘날 우리가 접하는 방정식 문제와 똑같습니다. 다만 식을 사용하여 한번에 바로 답을 구한다는 것에 차이가 있을 뿐입니다.

오늘날　　고대이집트

이제 옛날 이집트인들이 실제로 사용했던 가정법을 이용하여 ①번 문제를 해결해 봅시다.

①번 문제 : 아하와 아하의 $\frac{1}{7}$의 합이 19일 때, 아하를 구하시오.

먼저, 위의 문제를 식으로 나타내면 다음과 같습니다.

(아하)+(아하× $\frac{1}{7}$)=19

분수 $\frac{1}{7}$이 있으므로 아하를 7이라고 가정합시다.

그러면 (7)+(7)× $\frac{1}{7}$=8이 라는 답이 나옵니다.

그런데 원하는 값이 8이 아니라 19이므로 19와 8의 비는 어떤 수와 7과의 비와 같으므로 이것을 비례식으로 나타내면

19 : 8 = (어떤 수) : 7입니다.

위의 식에서 외항의 곱은 내항의 곱과 같으므로

(어떤 수)=19×7÷8이므로 (어떤 수)는 $\frac{133}{8}$이 됩니다.

위와 같은 방법은 두 수의 비를 이용하여 해결하는 좀 더 발전된 방법입니다. 이것을 그 당시의 이집트인처럼 가정법을 이용하여 아하를 구해 봅시다. 먼저 아하를 7이라고 가정합시다 다른 수로 가정하여도 됩니다. 그러면

$7+7\times\frac{1}{7}=8$이 됩니다.

그러나 원하는 값은 8이 아니라 19입니다.

따라서 8을 19로 만들기 위해서는 8에 2와 $\frac{1}{4}$과 $\frac{1}{8}$을 각각 곱하여 모두 더해야 합니다.

즉 $8\times2=16$이고, $8\times\frac{1}{4}=2$이며, $8\times\frac{1}{8}$은 1이므로

$(8\times2)+(8\times\frac{1}{4})+(8\times\frac{1}{8})=16+2+1=19$가 됩니다.

따라서 처음 가정한 수 7의 2와 $\frac{1}{4}$와 $\frac{1}{8}$배를 하여 모두 더한 값이 아하의 값이 됩니다.

그러므로 구하려고 하는 아하는

$(7\times2)+(7\times\frac{1}{4})+(7\times\frac{1}{8})=14+\frac{7}{4}+\frac{7}{8}=\frac{133}{8}$이 됩니다.

즉 아하의 정확한 값은 $=16\frac{5}{8}$(16.625)입니다.

②번 문제는 디오판토스의 나이를 구하는 문제입니다. 수학자들과 역사학자들은 디오판토스에 대해 열심히 알아보았으나 그의 묘비에 적혀 있는 ②번 문제의 글과 그의 저서 13권 중 6권이 전부였습니다.

디오판토스가 언제 태어나 언제 죽었는지 그리고 어디서 어떻게 살았는지에 대해서는 전혀 내려오는 이야기가 없습니다. 다만 그의 저서를 통해 그가 수학적으로 얼마나 큰 업적을 남겼는지 알 수 있을 정도입니다. 그의 가장 큰 업적 중의 하나는 오늘날과 같은 방법으로 미지수를 문자 x를 써서 식을 만들어 방정식을 풀었다는 것입니다.

2 디오판토스는 일생의 $\frac{1}{6}$을 소년 시절로 보냈고, 그 후 일생의 $\frac{1}{12}$을 지나서 수염을 길렀습니다. 다시 일생의 $\frac{1}{7}$을 지나 결혼을 하였고, 결혼 후 5년 만에 첫아들을 얻었다. 그의 아들은 아버지의 일생의 $\frac{1}{2}$을 살았고, 아버지보다 4년 앞서 세상을 떠났습니다.

디오판토스는 몇 살까지 살았는지 구하시오.

위의 문제를 다음과 같이 표를 만들어 빈 칸에 각각의 기간을 구하고 문제 해결 전략을 세워 해결해 봅시다.

디오판토스의 일생을 1이라 하고, 그가 지낸 일생을 표로 나타내면 다음과 같습니다

살아온 과정기간	기간
① 일생의 $\frac{1}{6}$을 소년 시절로 보냈고.	$\frac{1}{6}$
② 그 후 일생의 $\frac{1}{12}$를 지냈음.	$\frac{1}{12}$
③ 수염을 기름	
④ 다시 인생의 $\frac{1}{7}$이 지남.	$\frac{1}{7}$
⑤ 결혼	
⑥ 결혼 후 5년이 지남	5
⑦ 첫아들 탄생	
⑧ 아들은 아버지 일생의 $\frac{1}{2}$을 살았음.	$\frac{1}{2}$
⑨ 아들이 죽음	
⑩ 아버지는 4년 후에 죽음	4

위의 표에서 ①, ②, ④, ⑧을 모두 더해 보면

$\frac{1}{6}+\frac{1}{12}+\frac{1}{7}+\frac{1}{2}=\frac{25}{28}$가 됩니다.

디오판토스의 전체 일생을 1이라고 했으므로, 1에서 $\frac{25}{28}$을 뺀 나머지 $\frac{3}{28}$에 해당하는 부분은 어떤 기간일까요?

$\frac{3}{28}$에 해당하는 부분은 ⑥+⑩=5+4=9년이 됩니다.

따라서 그의 전체 생애인 1과 그의 나이는 $\frac{3}{28}$과 9의 비와 같으므로

$\frac{3}{28}$: 9 = 1 : (디오판토스의 나이)가 됩니다.

디오판토스의 나이는 $9 \div \frac{3}{28} = 9 \times \frac{28}{3} = 3 \times 28 = 84$살입니다.

1. 이집트의 방정식은 가정법을 사용한 것으로, 아하hau의 값을 구하기 위하여 적당한 값을 어림짐작하여 아하 대신 넣어서 계산하는 방법을 말합니다.

2. 디오판토스의 일생을 x라 하고 그가 지낸 일생을 식으로 나타내면

   $x = \frac{x}{6} + \frac{x}{12} + \frac{x}{7} + 5 + \frac{x}{2} + 4$로 나타내어

   $x = 84$입니다.

   따라서 디오판토스는 84세의 나이에 세상을 떠났음을 알 수 있습니다.

모르는 수를 x로 놓고 식을 만들어 푸는 방법을
생각해 내는 것은 결코 쉬운 일이 아니었습니다.
모르는 것을 안다고 생각하는 사고의
대전환이 필요하기 때문입니다.
모르는 것을 아는 것으로 하는 것,
그것이 바로 문자 x의 역할의 시작이었습니다.

3교시

모르는 것을 아는 것처럼 해결하기

3교시 학습 목표

1. 모르는 수를 x로 놓고 식을 만들어 푸는 방법을 알 수 있습니다.
2. 방정식을 공부하기 위한 식에 관한 용어와 식을 쓰는 방법을 알 수 있습니다.

미리 알면 좋아요

1. **항** 내용을 구성하는 단위의 한 가지로, 식을 구성하는 단위를 말합니다. 즉 다항식에서 각각의 단항식을 말합니다.

2. **단항식** 숫자와 몇 개의 문자의 곱으로만 이루어진 식을 말합니다. 예를 들어 $5ab$, $7xy$ 등이 단항식입니다.

3. **다항식** 둘 이상의 단항식을 덧셈 기호+ 또는 뺄셈 기호−로 이어 놓은 식을 말합니다. 예를 들어 $5ab+7xy$ 등이 다항식입니다.

3교시

문제

1 80원짜리 우표와 60원짜리 엽서를 합하여 12장을 사고 1000원을 냈습니다. 그리고 거스름돈을 200원 받았습니다. 우표와 엽서는 각각 몇 장씩 샀을까요?

2교시에서 사용했던 이집트인들의 방법은 계산 과정이 복잡하고 지루하기 짝이 없었습니다. 그렇다면 방정식을 이집트인들이 사용했던 가정법과 달리 시행착오 없이 간단하게 해결하는 방법은 없을까요?

초등학교에서는 식에서 모르는 것을 나타낼 때 □ 또는 △ 등의 기호를 사용합니다. □와 △속의 수를 일일이 대입하여 확인하는 과정을 거치던지, 아니면 다음과 같이 덧셈을 뺄셈으로, 곱셈은 나눗셈으로 역연산을 하여 답을 구합니다.

3+□=7 ➡ 7−□=3 따라서 □는 4

3×△=9 ➡ 9÷△=3 따라서 △는 3

그러나 이러한 과정을 거치지 않고 단번에 풀 수 있도록 한 사람이 바로 **대수학의 아버지인 디오판토스**입니다.

여기서 '대수학'이란 큰 수학이란 뜻이 아니고, 숫자 대신 문자를 사용하는 수학을 의미합니다. 디오판토스는 모르는 수를 x로 놓고 식을 만들어 풀 수 있는 방법을 생각하였습니다. 그러나 모르는 수를 x로 놓고 식을 만들어 푸는 방법을 생각해 내는 것은 결코 쉬운 일이 아니었습니다. 모르는 것을 안다고 생각하는 사고의 대전환이 필요하기 때문입니다. 모르는 것을 아는 것으로 하는 것, 그것이 바로 문자 x의 역할의 시작이었습니다.

사실 고대 그리스에서는 대부분의 수학자가 기하학에 관심을 가지고 있었지, 대수학을 연구한 사람은 매우 드물었습니다. 이제 대수학의 예를 들어 보겠습니다. 사과와 배를 합하여 20개 샀다고 합시다. 이때 사과의 개수를 x로 하면 배의 개수는 몇 개가 되겠습니까?

사과와 배의 개수 : 사과+배=20개

사과의 개수 : x

배의 개수 : $20-x$

사과의 개수를 x라고 정하면, 배의 개수도 $20-x$로 정해지는데 이러한 사고의 전환은 수학적으로 매우 획기적인 사건이었습니다.

왜냐하면 모르던 사과와 배의 개수가 x와 $20-x$로 마치 아는 것처럼 표현되기 때문입니다.

본격적으로 방정식에 들어가기 전에 식에 관한 용어와 식을 쓰는 방법에 대해 공부해 보겠습니다. 먼저 다음의 문제를 식으로 나타내 봅시다.

② 기환이는 한 개에 100원인 사과 4개와 한 개에 200원인 배 6개를 사려고 하는데 300원이 부족합니다. 기환이가 가지고 있는 돈은 얼마인가요?

기환이가 가지고 있는 돈을 식으로 나타내 봅시다.

기환이가 가지고 있는 돈은 (100×4)+(200×6)−300으로 나타낼 수 있습니다. 따라서 기환이가 가지고 있는 돈은 400+1200−300이므로 1300원입니다.

위의 문제에서 기환이가 사려고 하는 사과의 개수와 배의 개수를 모른다고 합시다. 다음의 문제를 식으로 나타내 봅시다.

③ 기환이는 한 개에 100원인 사과 x개와 한 개에 200원인 배 y개를 사려고 하는데 300원이 부족합니다. 기환이가 가지고 있는 돈은 얼마인가요?

기환이가 가지고 있는 돈을 식으로 나타내 봅시다.

$$(100\times x)+(200\times y)-300$$

이때 기환이가 사려고 하는 사과와 배의 개수가 합하여 10개라고 하고 사과의 개수를 x라고 한다면 배의 개수는 어떻게 표현할 수 있나요? 배의 개수는 당연히 $(10-x)$개가 될 것이며 이것을 다시 식으로 표현해 봅시다.

$$(100\times x)+\{200\times(10-x)\}-300$$

그런데 우리가 식을 쓰는 방법에서 수와 문자의 곱에서는 곱셈기호 ×를 생략하고 수를 문자 앞에 쓰도록 약속하고 있으므로 $(100\times x)+(200\times y)-300$은 $100x+200y-300$으로 다시 고칠 수 있습니다.

수나 문자가 곱셈이나 나눗셈으로 이루어진 전체를 **항**이라고 합니다. 예를 들어 $2x$, $10xy$, $\frac{x}{3}$, 3, x 등을 항이라고 하고 2개 이상의 항으로 이루어진 식을 **다항식**이라 하며 하나의 항으로 이루어진 식을 **단항식**이라고 합니다.

그렇다면 $100x+200y-300$에서 항은 모두 몇 개입니까?

위의 식에서 $100x$, $200y$, -300이 항이며, 항이 모두 3개이므로 다항식이 됩니다.

그리고 항 중에서도 문자가 없이 수만으로 이루어진 항을 **상수항**이라고 하고 수와 문자의 곱으로 이루어진 항에서 문자 앞에 있는 수를 **계수**라고 합니다. 따라서 식 $100x+200y-300$에서 상수항은 -300이며, x의 계수는 100이고 y의 계수는 200입니다. 다음은 동류항과 동류항끼리의 덧셈과 뺄셈에 대해 알아보겠습니다. 다음의 문제를 식으로 나타내 봅시다.

④ 기환이네 식구 x명이 놀이공원에 갔습니다. 이들은 이용료가 3000원인 놀이기구를 탄 후에 이용료가 5000원인 놀이기구를 또 타려고 합니다. 이들에게 필요한 돈은 모두 얼마일까요?

위의 문제에서 기환이네 가족에게 필요한 돈은

$3000x+\ 5000x$입니다.

그런데 $3000x$와 $5000x$처럼 문자와 차수가 같은 항을 동류항이라고 하며 동류항끼리는 자유롭게 덧셈과 뺄셈을 할 수 있습니다.

$$3000x+5000x=(3000+5000)x=8000x$$

동류항끼리의 덧셈, 뺄셈은 다음과 같은 결합법칙을 사용하여 계산합니다.

$$ax \pm bx=(a \pm b)x$$

다음은 위의 결합법칙을 이용하여 동류항끼리 계산한 것입니다.

① $3x+4x=(3+4)x=7x$

② $2y-y=(2-1)y=y$

③ $5xy-3xy=(5-3)xy=2xy$

이제까지 방정식을 공부하기 위한 식에 관한 용어와 식을 쓰는 방법을 공부해 보았습니다. 그럼 처음에 제시된 문제로 돌아가 문제를 해결해 보도록 하겠습니다.

1 80원짜리 우표와 60원짜리 엽서를 합하여 12장을 사고 1000원을 냈습니다. 그리고 거스름돈을 200원 받았습니다. 우표와 엽서는 각각 몇 장씩 샀을까요?

우표의 개수를 x라고 정하면 엽서의 개수는 몇 개가 될까요?

우표와 엽서를 모두 합한 개수가 12개이므로 우표의 개수가 x이면 엽서의 개수는 $(12-x)$개입니다. 따라서 우표를 산 금액은 $80x$이며, 엽서를 산 금액은 $60(12-x)$가 됩니다. 이것을 식으로 나타내면 $80x+60(12-x)$가 되고, 분배법칙에 의해서 $80x+(60\times12)-60x$가 되는데 이것을 동류항끼리 정리하면 $80x-60x+720 = 20x+720$이 됩니다.

그런데 우표와 엽서를 사고 1000원을 냈더니 200원의 거스름돈을 받았다고 하니, 우표와 엽서의 값을 모두 합한 금액은 800원입니다. 이것을 식으로 정리하면 다음과 같습니다.

$$20x + 720 = 800$$

위의 식에서 $20x=80$임을 알 수 있으므로 x는 4가 되고, 이는 우표의 개수가 4장이라는 것을 뜻하므로 엽서의 개수는 $(12-4)$가 되어 8장임을 알 수 있습니다.

즉 80원 하는 우표 4장과 60원 하는 엽서 8장을 구입한 것입니다.

1. 디오판토스는 모르는 수를 x로 놓고 식을 만드는 방법을 생각해 냈습니다. 모르는 것을 안다고 생각하는 것은 사고의 대전환으로 결코 쉬운 일이 아니었습니다.

2. 사과와 배의 개수가 합하여 20개일 때, 사과의 개수를 x라고 하면 배의 개수는 $20-x$개가 됨을 알 수 있습니다.

복잡한 계산을 문자를 이용해서 쉽게 해결하기

4교시 학습 목표

1. 복잡한 문제를 문자를 이용해서 쉽게 해결할 수 있습니다.
2. 수 대신 문자를 사용하는 대수의 위력을 이해할 수 있습니다.

미리 알면 좋아요

1. **대수학** 숫자에 의해서 하나하나의 수를 나타내는 대신 문자에 의해서 일반적인 수를 대표시켜 수의 관계, 수의 성질, 수 계산의 법칙 등을 연구하는 수학을 말합니다.

2. **동류항** 문자 부분이 모두 같은 단항식을 말합니다.
   이를테면 $3ab$, $-5ab$, $-ab$ 등은 동류항입니다. 그리고 동류항은 사칙연산이 가능합니다. 예를 들어 $3ab+2ab=5ab$가 됩니다.

4교시

문제

1 나이와 태어난 달 맞추기

여러분이 출생한 달의 수를 2배 해서 5를 더하십시오.
그것을 50배 하여 당신의 나이를 합하십시오. 그 수에서 365를 빼고 115를 더하십시오. 답이 얼마가 되었습니까?
당신의 나이는 몇 살이고, 태어난 달은 몇 월입니까?

지금부터 여러분들과 함께 대수의 위력을 알아보는 시간을 가져보려고 합니다. 대수가 무엇인지에 대해서는 앞에서 설명을 했으므로 생략하기로 하고 바로 게임에 들어가도록 하겠습니다.

여러분들은 지금부터 머릿속으로 어떤 수를 하나 생각합니다. 그 수는 한 자리 수여도 되고 두 자리 수여도 상관없습니다. 또 그 이상의 수여도 괜찮으며, 소수이거나 분수여도 좋습니다.

자! 결정했습니까?

결정했다면 지금부터 다음과 같은 순서로 계산을 해봅시다.

첫째, 자기가 생각한 수에 4를 더하시오.

둘째, 그 수에 2를 곱하시오.

셋째, 거기에서 6을 빼시오.

넷째, 그것을 다시 2로 나누시오.

마지막으로 처음에 자기가 생각한 수를 빼시오.

순서대로 계산을 해 보았나요?

여러분은 각자가 처음에 어떤 수를 선택하였던지 그 결과는 모두 1이 나옵니다. 그리고 여러분의 계산 결과가 1이 나왔다면 여러분의 계산은 맞은 것입니다. 그런데 왜 이런 결과가 나올까요?

앞의 과정을 그림으로 나타내 보면 쉽게 이해할 수 있습니다.

– 하나의 수를 생각하라 : ★

– 거기에 4를 더하고 : ★ ● ● ● ●

– 그것을 2배 한 다음 : ★ ● ● ● ●

★ ● ● ● ●

– 거기서 6을 뺀다. : ★ ●

★ ●

– 이것을 다시 2로 나누고 : ★ ●

– 거기서 처음 생각한 수를 뺀다. : ●

위의 그림에서 보아 알 수 있듯이 각자가 어떤 수를 선택하더라도 결국 결과는 1이 되고 맙니다.

이와 같이 복잡해 보이는 계산 과정도 그림을 사용하면 아주 손쉽게 해결할 수 있습니다. 그러나 여기서 사용한 별표나

동그라미 등의 그림은 실제 수학 계산에서는 사용하기가 불편합니다.

그래서 수학자들은 이런 경우에 문자를 써서 문자식으로 나타내어 계산을 합니다. 위의 과정을 그림 대신 문자 x를 사용하여 나타내면 다음과 같습니다.

– 하나의 수를 생각하라 : x

– 거기에 4를 더하고 : $x+4$

– 그것을 2배 한 다음 : $2(x+4)$ 또는 $2x+8$

– 거기서 6을 뺀다 : $2x+2$

– 이것을 다시 2로 나누고 : $x+1$

– 거기서 처음 생각한 수를 뺀다 : 1

이처럼 문자를 사용하면 복잡하고 어려워 보이는 문제도 손쉽게 해결할 수 있는 길이 열립니다.

이제 처음의 문제로 돌아가 해결해 봅시다

(1) 먼저 여러분이 태어난 달을 x라 하고 태어난 달의 수에 2배를 하고 5를 더한 것을 문자식으로 나타내면 다음과 같습니다.

$2x+5$

(2) 다음으로, 그것에 50배를 하여 나이를 y라 하고 더하면 다음과 같습니다.

$(2x+5)\times50+y$

(3) (2)번의 식에서 365를 빼고 115를 더하여 동류항끼리 계산하면

$100x+250+y-365+115$

$=100x+y+365-365$

$=100x+y$

(4) (3)번 식에서 태어난 달과 나이를 찾아보면

100의 자리 수 x가 태어난 달이고, 두 자리 수의 y가 그

사람의 나이가 되는 것입니다.

위의 문자식을 실제로 6월에 생일이 있는 25세의 사람에게 적용시켜 보면

- 태어난 달의 수에 2배를 하고 5를 더하면 : $6\times2+5=17$
- 그것에 50배를 하여 나이를 더하면 : $17\times50+25=875$
- 여기서 365를 빼고 115를 더하면 : $875-365+115=625$
- 따라서 625의 백의 자리 수 6은 태어난 달이고,
  두 자리 수 25는 나이를 나타내는 것입니다.

앞에서 문자를 써서 하는 산수가 대수라고 설명했듯이 위와 같은 복잡한 계산식을 문자식으로 나타내는 것도 대수입니다.

그런데 보통 **대수**라고 하면 **방정식을 푸는 일**로 생각될 정도로 대수에서는 방정식이 자주 나옵니다. 다시 말해 방정식에서 빼 놓을 수 없는 중요한 도구가 바로 문자식입니다.

그리고 모든 것을 되도록 단순하게 나타내려고 하는 것이

수학의 기본 정신이기 때문에, 문자식에 친근하다는 것은 그만큼 수학을 더 잘 이해한다는 말이 됩니다.

1. 복잡해 보이는 계산 과정도 그림을 사용하면 아주 손쉽게 이해되고 해결할 수 있습니다. 그러나 이러한 그림은 실제 수학 계산에서는 사용하기 불편합니다. 그래서 이런 경우 그림 대신에 문자를 써서 문자식으로 나타냅니다.

2. 보통 대수라 하면 방정식을 푸는 일로 생각될 정도로 대수에서는 방정식이 많은 부분을 차지합니다. 다시 말해 방정식에서 빼놓을 수 없는 중요한 도구가 바로 문자식입니다.

등호=에 의한 등식은 일상생활에서

매우 다양하고 활발하게 사용하고 있지만

우리가 그것을 느끼지 못하고 있을 뿐입니다.

5 교시

등식의 성질을 이용하여 해결하기

5교시 학습 목표

1. 등식의 성질을 이용하여 문제를 해결할 수 있습니다.
2. 등호가 일상생활에서 매우 유용하게 사용되고 있음을 알 수 있습니다.

미리 알면 좋아요

1. **등식** 등호=가 있는 식을 말하며, 등호에 의해 좌변과 우변의 값이 같다는 의미를 가지는 식을 말합니다.

2. **좌변** 등식이나 부등식에서 등호 또는 부등호의 왼쪽에 있는 수식을 말합니다.

3. **우변** 등식이나 부등식에서 등호 또는 부등호의 오른쪽에 있는 수식을 말합니다.

5교시

문제

① 양팔 저울의 왼쪽에 x라고 쓴 추 1개와 1g짜리 추 3개를 놓고, 오른쪽에는 1g짜리 추 8개를 놓았더니 양쪽이 수평을 이루었습니다.
x라고 쓴 추의 무게는 몇 g인지 구하시오.

② 기성이와 기환이는 영화를 보려고 극장에 가서 10000원짜리 지폐를 한 장 내고 영화표 2장과 거스름돈 1000원을 받았습니다.
영화표 한 장의 값은 얼마인지 구하시오.

등식이란 등호=가 있는 식을 말합니다.

예를 들어 2+3=5는 등호=가 있는 식이므로 등식입니다. 등호=란 식 좌우의 값이 같다는 의미를 가지고 있습니다.

즉 '500원짜리 볼펜 3자루를 사면 얼마를 내야 합니까?' 라는 문제에 대한 식은 500원×3자루=1500원으로 왼쪽에 있는 500×3을 **좌변**이라고 하고, 오른쪽에 있는 1500은 **우변**이라고 합니다. 이때 좌변과 우변의 값은 같습니다.

이렇게 등호=에 의한 등식은 일상생활에서 매우 다양하고 활발하게 사용하고 있지만 우리가 그것을 느끼지 못하고 있을 뿐입니다.

예를 들어 대형마켓이나 백화점의 계산대에 있는 직원은

(받은 돈) = (물건 값)+(거스름돈) 의 등식에 맞추어 계산하고 있습니다.

그리고 물건을 만들어 파는 사람들도

(파는 가격) = (원가)+(이익) 이라는 등식에 맞추어 계산을 하고 있는 것입니다. 이처럼 우리 생활 주변에는 이러한 등식을 이용하는 경우가 많이 있습니다.

또 다른 예를 들어 보면 다음과 같은 상황을 볼 수 있습니다.

문방구에 가서 300원짜리 지우개를 1개 사고 천원을 내었더니, 거스름돈으로 500원짜리 동전 1개와 100원짜리 동전 2개를 받았다고 합시다.

이것을 그림으로 나타내면 다음과 같습니다.

이처럼 우리는 생활 속에서 물건을 사고 팔 때에 자신도 모르게 등식을 사용하고 있습니다.

자, 이제 이렇게 우리의 생활과 밀접해서 떼려야 뗄 수 없는 등식의 성질에 대해서 알아보도록 하겠습니다.

먼저 두 장의 종이를 다음과 같이 놓고 두 장의 종이 사이에 등호를 표시합니다. 그리고 두 장의 종이 밑에 A, B를 표시합니다.

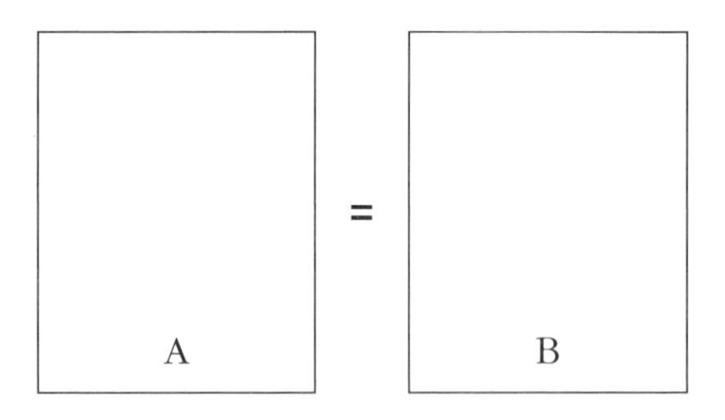

그리고 왼쪽 종이 위에 천 원짜리 지폐 한 장을 올려놓고, 같은 액수가 되도록 오른쪽 종이 위에 500원짜리 동전을 올려

놓으면 다음의 그림과 같게 됩니다.

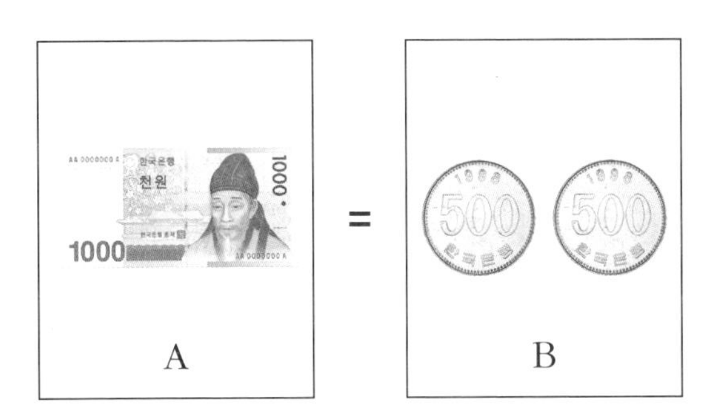

위의 그림은 다음과 같이 등식이 성립함을 알 수 있습니다.

A = B

1000 = 500+500

이제 양쪽의 종이 위에 100원짜리 동전을 두 개씩 올려놓으면 다음의 그림과 같이 됩니다.

위의 그림은 다음과 같은 등식이 성립함을 알 수 있습니다.

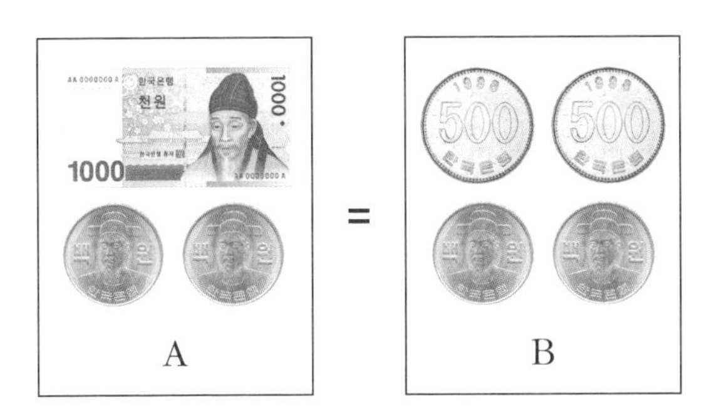

$$A = B$$

$$1000+200 = 500+500+200$$

이제 다시 양쪽의 종이 위에 올려놓았던 100원짜리 동전 두 개를 빼내어 다음과 같은 등식이 성립됨을 알 수 있습니다.

$$A = B$$

$$1000+200-200 = 500+500+200-200$$

이번에는 양쪽의 종이 위에 있는 금액을 2배 해 줍니다. 그런데 A종이 위에는 천 원짜리 지폐 한 장을 더 올려놓고 B종이 위에는 500원짜리 동전 두 개를 더 올려놓습니다.

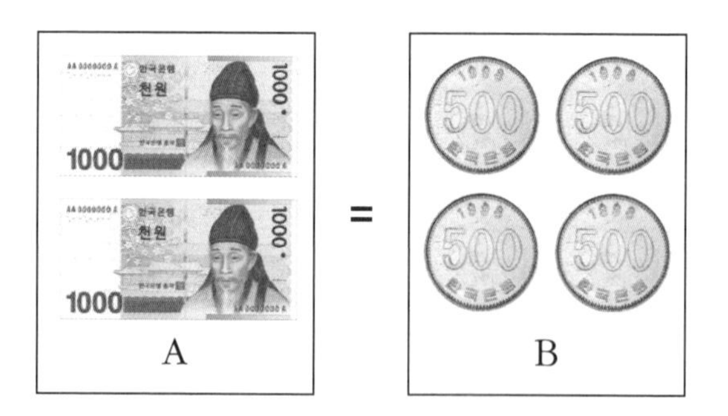

위의 그림은 다음과 같이 등식이 성립함을 알 수 있습니다.

$$A = B$$

$$1000+1000 = 500+500+500+500$$

이제 다시 양쪽의 돈을 각각 $\frac{1}{2}$배 합니다. 놓여진 돈을 각각 절반으로 나누면 다음과 같은 등식이 성립함을 알 수 있습니다.

$$A = B$$

$$(1000+1000) \div 2 = (500+500+500+500) \div 2$$

따라서 다음과 같은 등식의 성질을 알 수 있습니다.

등식의 성질

(1) 등식의 양쪽에 같은 수를 더하여도 등식은 성립한다.

$$A+C = B+C$$

(2) 등식의 양쪽에서 같은 수를 빼도 등식은 성립한다.

$$A-C = B-C$$

(3) 등식의 양쪽에 같은 수를 곱하여도 등식은 성립한다.

$$A\times C = B\times C$$

(4) 등식의 양쪽에 0이 아닌 같은 수로 나누어도 등식은 성립한다.

$$A\div C = B\div C$$

이제 처음의 문제로 돌아가서 해결해 봅시다.

양팔 저울의 왼쪽에 x라고 쓴 추 1개와 1g짜리 추 3개를 올려놓고, 오른쪽에 1g짜리 추 8개를 올려놓았더니 수평을 이루었다고 합니다. 이것을 그림으로 그려 보면 다음과 같습니다.

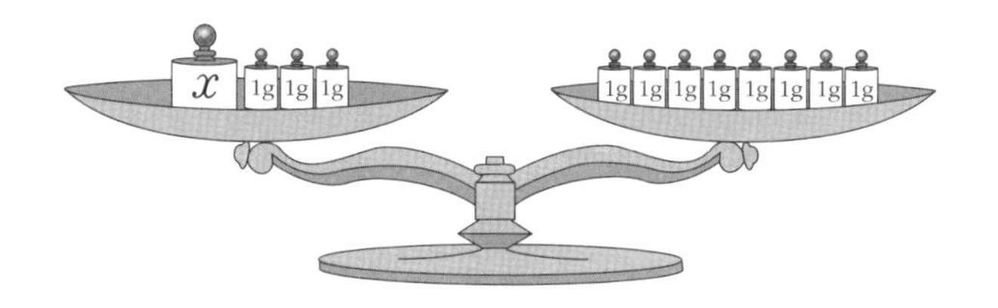

이것을 등식으로 표현하면 다음과 같습니다.

$$x+3=8$$

등식의 성질 중 두 번째 성질을 이용하여 양쪽에서 3을 뺍니다.

$$x+3-3 = 8-3$$

$$x = 5$$

즉 왼쪽에 올려놓았던 x라고 쓴 추의 무게는 5g입니다.

두 번째 문제는 영화표 한 장의 값을 구하는 문제이므로, 영화표 한 장의 값을 x로 놓고 등식을 만들면 됩니다. 영화표 2장의 값이 9000원이므로 다음과 같은 등식이 성립합니다.

$$2x = 10000-1000$$

$$2x = 9000$$

등식의 성질 중 네 번째 성질을 이용하여 양쪽을 모두 2로 나눕니다.

$$2x \div 2 = 9000 \div 2$$

$$x = 4500$$

따라서 영화표 한 장의 값은 4500원입니다.

그런데 방정식의 답을 구하는 과정이 여기서 끝나면 안 됩니다. 왜냐하면 마지막으로 구한 답이 과연 정답으로 맞는지 확인해 보는 **검산**이란 과정이 꼭 필요하기 때문입니다. 구한 답을 x 대신 넣어 계산했을 때 등식이 성립하면 답이 참이고, 성립하지 않으면 답은 거짓이 됩니다. 그래서 답이 거짓이면 다시 답을 구해야 합니다.

위의 문제를 예를 들어 보면,

$x+3=8$의 답이 $x=5$이므로 x대신에 5를 넣어 계산하면 $5+3=8$로 등식이 성립하므로 $x=5$는 주어진 방정식의 답으로 참이 되며,

$2x=9000$의 답이 $x=4500$이므로 x대신에 4500을 넣어 계산하면

$2 \times 4500 = 9000$으로 등식이 성립하므로 $x=4500$은 주어진 방정식의 답으로 맞는 것입니다.

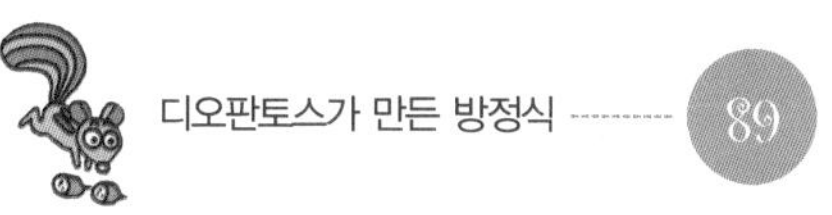

1. 대형 마켓의 계산대에 있는 직원이나 여러 가게, 문구점의 직원들도 받은 돈= 물건 값+ 거스름 돈 또는 받은 돈- 물건 값= 거스름 돈의 등식에 맞추어 계산하고 있습니다. 이처럼 우리 생활 주변에는 등식을 이용하는 경우가 많이 있습니다.

2. 우리는 생활 속에서 물건을 사고 팔 때, 자신도 모르게 등식의 성질을 이용하여 계산하고 있습니다.

6교시

일차방정식

6교시 학습 목표

1. 일차방정식의 의미를 알 수 있습니다.
2. 이항의 원리를 적용하여 일차방정식을 해결할 수 있습니다.

미리 알면 좋아요

1. **일차방정식** a, b를 상수, x를 변수라고 할 때, $ax+b=0(a\neq0)$과 같은 꼴의 방정식을 말합니다. 즉 정리하여 미지수에 관한 일차식만을 포함하는 꼴로 변형할 수 있는 방정식입니다.

2. **이항** 등식의 성질을 이용하여 한 쪽에 있는 항을 그 부호를 바꾸어 다른 쪽으로 이동하는 것을 이항이라고 합니다.

6교시

문제

1 시속 2km로 물이 흐르고 있는 큰 강에 유람선이 왕복하고 있습니다. 유람선 A가 선착장에서 상류를 향해 45분간 달린 다음, 방향을 돌려서 하류를 향해 15분간 달리고 있고 유람선 A에 이어서 45분 후에 선착장을 출발하여 상류를 향하고 있는 유람선 B의 모습이 유람선 A의 1km하류 쪽에 보였습니다.
유람선은 시속 몇 km로 운항되고 있을까요?

좌우가 동등한 것에 동등한 것을 더하거나 빼도 역시 동등합니까?

이렇게 묻는다면 지금 무슨 소리를 하는 거냐고 되묻는 사람이 많을 것입니다. 물에 물 탄 것 같은 소리처럼 모호하게 들릴 수 있기 때문입니다. 그래서 예를 들어 설명하겠습니다.

어느 초등학교에서 운동회를 하고 있습니다. 학생들의 부모님들도 많이 오셔서 구경하기도 하고, 자기 자식이 경기를 할 때는 열심히 응원하고 있습니다.

이번에는 청군과 백군의 아빠들이 참여하여 줄다리기를 합니다. 청군으로 나온 아빠의 수는 모두 25명입니다. 그런데 백군으로 나온 아빠들의 수가 30명이나 되어서 5명은 도로 자리로 돌아갔습니다. 이제 청군과 백군 아빠들의 줄다리기 시합이 막 진행되려는 순간, 청군에서 아빠 5명이 더 나왔습니다.

그래서 백군 쪽에서도 자리로 돌아갔던 5명의 아빠들이 다시 나왔습니다. 위와 같은 상황을 문자식으로 나타내면 다음과 같습니다.

$a=b$ 이면,

$a+c=b+c$ 이다.

이렇게 고쳐 놓고 보니 좌우가 본질적으로 대칭인 형태임을 알 수 있습니다. 위의 식에서 한 걸음 더 나아가 다음과 같은 등식이 있다고 합시다.

$$a+5=b$$

위와 같은 식을 다음과 같이 고쳐도 등식은 성립할까요?

$$a=b-5$$

위의 식은 당연히 성립합니다. 이렇게 나타내고 보니 좌변에 더해진 5는 우변으로 옮기면 부호가 바뀌어 뺄셈이 되어 작용하게 되는데, 이것을 **이항의 원리**라고 합니다.

그런데 이 이항의 원리가 신기한 것을 설명하고 있는 것처럼 보일지 모르지만, 일상생활에서는 아주 당연한 것처럼 받아들이고 있는 사고방식입니다.

다시 아빠들의 줄다리기를 예로 들어 보겠습니다.

이번에는 청군으로 나온 아빠들의 수가 25명이고 백군으로 나온 아빠의 수가 30명이었습니다. 그래서 청군에서 5명의 아빠들이 더 나왔습니다. 이것을 식으로 나타내면, 25+5=30입니다.

그런데 백군 아빠들 중에서 5명이 몸이 좋지 않다는 이유로 빠지겠다고 했습니다. 그래서 청군 아빠들 5명도 빠지게 되었습니다.

이것을 식으로 나타내면, 25+5−5=30−5가 됩니다.

위와 같은 상황은 전후 관계가 매우 단순하여 쉽게 해결될 수 있는 상황이지만, 이러한 관계가 몇 가지 겹치게 되면 아주

어렵게 됩니다.

가령 찻잔이 몇 개 있는데, 거기에 12개의 찻잔을 더 보태서 테이블에 놓은 다음에 그 가운데 28개의 찻잔에 홍차를 따랐다고 합니다. 그리고 나머지 찻잔을 세어보니 13개였다. 맨 처음 찻잔은 몇 개였을까요?

누군가가 이런 질문을 말로써 물어본다면 순간 누구라도 당황할 것입니다. 이럴 때에 문자를 사용한 문자식을 사용한다면, 수가 늘어나고 줄어드는 상황만이 선명하게 떠올라서 답을 간단하게 구할 수 있게 됩니다.

우선 맨 처음의 찻잔 개수를 a라고 하면, 찻잔의 총 개수는 $a+12$개이고, 홍차를 따른 것이 28개이고, 남은 찻잔이 13개이므로 이것을 식으로 나타내면 다음과 같습니다.

$$a+12-28=13$$

이것을 정리하면 $a-16=13$인데, 여기에 이항의 정리를 적용하면

a=13+16이 되어, 맨 처음의 찻잔 개수는 29개라는 것을 알 수 있습니다.

여기서 a를 미지수로, a 대신에 x라는 기호를 쓰면,

$x+12-28=13$ 이 됩니다.

이것이 바로 방정식이 만들어지는 순간입니다.

이상과 같이 이항의 원리 중에서 등식에 대한 덧셈과 뺄셈의 작용에 대하여 설명하였습니다. 그러나 이항의 원리에는 덧셈과 뺄셈뿐 아니라 곱셈, 나눗셈에도 모두 적용되고 있다는 것을 5교시 등식의 성질에서 설명한 적 있습니다.

그럼 이제 처음의 문제로 돌아가서 해결해 보도록 하겠습니다. 처음에 주어진 문제는 단순해 보이지 않습니다. 그리고 여러 가지 장면들이 먼저 머리에 떠올라서, 정리하지 않고서는 좀처럼 풀고 싶은 생각이 나지 않기도 합니다. 그래서 문제에서 말하고 있는 내용을 다음과 같이 그려 보았습니다.

우선 배의 속도를 $x$km/h라고 합시다. 이때 배가 상류로 갈 때의 속도는 강물의 속도만큼 감속되므로 $(x-2)$km/h가 되고, 하류로 갈 때의 속도는 $(x+2)$km/h가 됩니다.

따라서 유람선 A는 선착장을 출발해서 유람선 B를 보게 될 때까지 다음 그림과 같이 항해를 한 셈이 됩니다.

$$45\text{분}\left(\frac{3}{4}\text{시간}\right)+15\text{분}\left(\frac{1}{4}\text{시간}\right)$$

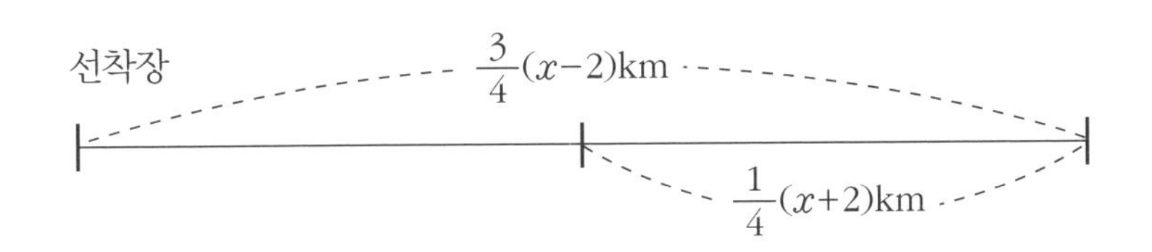

유람선 A가 여기까지 왔을 때, 유람선 A가 출발한 시각부터 1시간이 경과되어 있으므로 45분 후에 출발한 유람선 B는 15분 동안 강물을 거슬러 올라간 셈이 됩니다. 따라서 유람선 B의 속도는 $(x-2)$km/h이므로, 이때 유람선 A와 B의 위치는 다음과 같습니다.

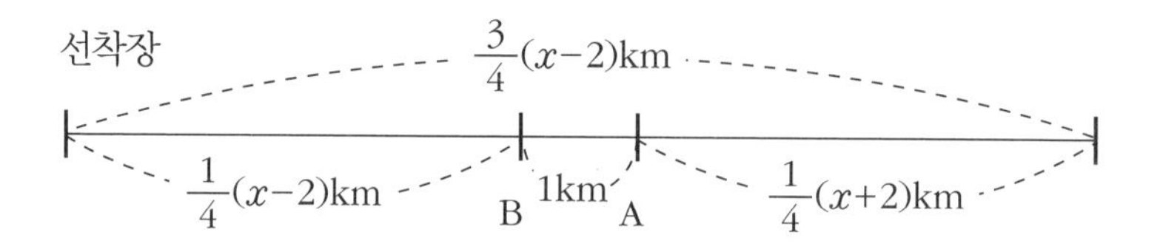

위와 같은 위치 관계에서 다음과 같은 관계식이 얻어지게 됩니다.

$$\frac{3}{4}(x-2)-\frac{1}{4}(x+2)=\frac{1}{4}(x-2)+1$$

여기서 x를 구하면 됩니다. x를 구하는 방법은 다음과 같습니다.

이항한다	$\Rightarrow \frac{3}{4}(x-2)-\frac{1}{4}(x+2)-\frac{1}{4}(x-2)=1$
동류항을 정리한다	$\Rightarrow \frac{1}{2}(x-2)-\frac{1}{4}(x+2)=1$
양변에 4를 곱한다	$\Rightarrow 2(x-2)-(x+2)=4$
괄호를 푼다	$\Rightarrow 2x-4-x-2=4$
동류항을 정리한다	$\Rightarrow x-6=4$
이항한다	$\Rightarrow x=10$

이것으로 답이 10km/h라는 것을 알 수 있습니다. 이것은 유람선 A가 45분 걸려서 6km 강을 거슬러 올라간 다음, 방향을 돌려 15분 만에 3km를 내려갔을 때, 유람선 B는 선착장에서 2km 상류 지점에 와 있었던 것을 뜻합니다.

이와 같이 어떤 수 x가 구체적인 수로 주어져 있지 않고, 위와 같은 관계식을 만들어 풀 수 있도록 주어져 있는 경우 관계식을 이용하여 x를 구하게 되는 일이 종종 있습니다.

이때 x를 **미지수**라고 하고 x를 규정하는 관계식을 **방정식**이라 하며, x의 구체적인 값을 구하는 일을 **방정식을 푼다**라고 합니다.

그런데 방정식은 다양하고 복잡한 문제들이 많기 때문에 많은 문제를 해결해 보려는 의지가 필요합니다. 따라서 자기만의 방정식 노트를 만들거나 포트폴리오를 준비하여 항상 방정식 문제를 정리하고 풀어보는 기회를 가지도록 노력해야 합니다.

1. $a+5=b$는 $a=b-5$로 고칠 수 있습니다. 이것은 좌변에 더해진 5는 우변으로 옮기면 부호가 바뀌어 뺄셈이 되어 작용하게 되는데 이것을 이항의 원리라고 합니다.

2. x를 미지수라고 하고 x를 규정하는 관계식을 방정식이라 하며 x의 구체적인 값을 구하는 일을 방정식을 푼다라고 합니다. 그런데 방정식은 다양하고 복잡한 문제들이 너무 많이 있기 때문에, 보다 많은 문제를 해결해 보려는 노력이 필요합니다.

미지수가 2개인 일차방정식에서

해를 구하기 위해서는

2개의 식이 필요합니다.

즉 2개의 식을 동시에 만족시키는

x와 y의 값을 찾아야 합니다.

7교시

연립방정식

7교시 학습 목표

1. 미지수가 2개인 일차방정식을 만들 수 있습니다.
2. 미지수가 2개인 연립방정식을 해결할 수 있습니다.

미리 알면 좋아요

1. **해** 등식의 성질을 이용하여 방정식의 x값을 구하는 것을 방정식을 푼다라고 하고, 이때 참이 되게 하는 x의 값을 방정식의 해 또는 근이라고 합니다.

2. **연립일차방정식** 일차방정식만으로 되어 있는 연립방정식을 말합니다.
   구하고자 하는 미지수가 2개인 일차방정식을 의미합니다.

7교시

문제

조선 시대 후기의 유학자이며 수학자인 황윤석의 《이수신편》에는 '계토산鷄兎算'으로 널리 알려진 다음과 같은 문제가 있습니다.
닭과 토끼가 모두 100마리인데, 다리를 세어 보니 272개였습니다.
닭과 토끼는 각각 몇 마리인지 구하시오.

이번 시간에는 미지수가 2개인 일차방정식에 대해 공부하겠습니다.

다음과 같은 주머니 속에 500원짜리 동전 몇 개와 100원짜리 동전 몇 개가 들어 있습니다. 단 500원짜리 동전과 100원짜리 동전은 최소한 1개 이상은 들어 있습니다.

그런데 주머니 속의 돈을 모두 꺼내어 세어 보았더니 2300원이라고 합니다. 그렇다면 주머니 속에는 500원짜리 동전과 100원짜리 동전이 각각 몇 개씩 들어있는 걸까요?

위의 질문에서 모르는 것은 500원짜리 동전의 개수와 100원짜리 동전의 개수입니다. 즉 미지수가 2개인 것입니다.

500원짜리 동전의 개수를 x라고 하고, 100원짜리 동전의 개수를 y라고 합시다. 이제 이것을 근거로 식을 만들어 봅시다.

500원짜리 동전의 개수가 x개이므로 500원짜리 동전의 금액은 모두 얼마입니까? $500\times x$원입니다.

100원짜리 동전의 개수가 y개이므로 100원짜리 동전의 금액은 모두 얼마입니까? $100\times y$원입니다.

그렇다면 500원짜리 동전과 100원짜리 동전의 전체 금액은 얼마입니까? $(500\times x)+(100\times y)$원입니다.

그런데 전체 금액은 2300원이므로 곱하기 기호를 생략하여 식을 다시 쓰면 아래와 같습니다.

$500x+100y=2300$원이 됩니다.

이렇게 미지수가 2개인 일차방정식이 탄생한 것입니다.

자, 이제 방정식이 만들어 졌으니 해를 구해 봅시다.

500원짜리 동전의 개수와 100원짜리 동전의 개수를 한번에 구할 수 있나요? 위의 방정식은 만약 x가 몇 개이면 y는 몇 개라는 방법으로는 해를 구할 수 있으나 한번에 해를 구하는 것은 불가능합니다.

그렇다면 먼저 해결 가능한 방법으로 해를 구해 봅시다.

만약 500원짜리 동전이 1개일 경우를 생각해 봅시다.

그렇다면 $x=1$이고, 주어진 방정식은 $500+100y=2300$이 되고, 이 방정식을 풀면 $y=18$이 됩니다. 주머니 속에 500원짜리 동전 1개이면 100원짜리 동전은 18개 들어 있게 됩니다.

이번에는 500원짜리 동전이 2개일 경우를 살펴봅시다.

그렇다면 $x=2$가 되므로 주어진 방정식은

$1000+100y=2300$ 이 되고,

이 방정식을 풀면 $y=13$이 되어 주머니 속에 500원짜리 동전 2개이면 100원짜리 동전은 13개 들어 있게 됩니다.

이번에는 500원짜리 동전이 3개일 경우를 살펴봅시다.

그렇다면 $x=3$이 되므로 주어진 방정식은

$1500+100y=2300$ 이 되고,

이 방정식을 풀면 $y=8$이 되어 주머니 속에 500원짜리 동전 3개와 100원짜리 동전이 8개 들어 있게 됩니다.

마지막으로 500원짜리 동전이 4개일 경우를 살펴봅시다.

그렇다면 $x=4$가 되므로 주어진 방정식은

$2000+100y=2300$이 되고,

이 방정식을 풀면 $y=3$이 되어 주머니 속에는 500원짜리 동전 4개와 100원짜리 동전이 3개 들어 있게 됩니다.

따라서 다음의 표와 같이 네 가지 경우가 가능합니다.

	500원짜리 동전의 개수x	100원짜리 동전의 개수y	전체 금액
A	1	18	2300
B	2	13	2300
C	3	8	2300
D	4	3	2300

그렇다면 실제로 주머니 속에는 500원짜리 동전과 100원짜리 동전이 각각 몇 개씩 들어 있는 걸까요? 물론 정답은 위의 네 가지 경우 중 한 가지일 것입니다.

하지만 전체 금액이 2300원이라는 하나의 조건만으로는 넷 중의 어느 것이 정답인지 알 수 없습니다. 만약 위의 네 가지 경우 중에서 주머니 속의 동전의 개수가 모두 11개라고 하면 어느 경우가 정답이 될까요?

C입니다.

즉 500원짜리 동전이 3개이고 100원짜리 동전이 8개인 경우가 정답이 됩니다. 이제 전체 동전의 개수가 11개라는 조건을 식으로 나타내면 $x+y=11$이 됩니다.

이것은 x와 y에 대한 또 다른 하나의 식이 됩니다.

즉 미지수가 2개인 일차방정식에서 해를 구하기 위해서는 2개의 식이 필요합니다. 즉 2개의 식을 동시에 만족시키는 x와 y의 값을 찾아야 합니다.

이렇게 2개의 미지수가 있는 2개의 일차방정식 세트를 **연립방정식**이라고 합이다. 이제 위의 식을 연립방정식으로 나타내면 다음과 같습니다.

$$\begin{cases} 500x+100y=2300 & \cdots ① \\ x+y=11 & \cdots ② \end{cases}$$

이제 위의 연립방정식을 해결하는 방법을 알아봅시다.

먼저 ①식의 양변을 100으로 나누면 다음과 같습니다.

$5x+y=23$ ⋯ ③

이제 ③식에서 ②식을 빼면 y항이 사라집니다.

$$\begin{array}{rrcl} & 5x+y & = & 23 \\ -) & x+y & = & 11 \\ \hline & 4x & = & 12 \end{array}$$

즉 $4x=12$를 풀면 됩니다. 이 식의 해는 $x=3$입니다.

이제 $x=3$을 ①, ②, ③ 식 중에서 어디든지 대입할 수 있습니다. $x=3$을 ②번에 대입하면 $3+y=11$이므로 $y=8$이 됩니다.

따라서 $x=3$, $y=8$이 이 연립방정식의 해가 됩니다.

이제 처음의 문제로 다시 돌아가서 해를 구해 봅시다.

닭과 토끼가 모두 100마리라고 했으므로 닭의 수를 x, 토끼의 수를 y라고 하면 다음과 같은 일차방정식을 만들 수 있습니다.

$x + y = 100$ ⋯ ①

그리고 다리를 세어보니 다리 수는 모두 272개라고 했습니다. 닭은 다리가 2개이고 토끼는 다리가 4개이므로 다음과 같은 일차방정식을 만들 수 있습니다.

$$2x+4y = 272 \cdots ②$$

②식의 양변을 2로 나누면 다음과 같은 일차방정식이 됩니다.

$$x+2y = 136 \cdots ③$$

이제 ③에서 ①을 빼면 x항이 사라집니다.

$$\begin{array}{rr} & x+2y = 136 \\ -) & x+\ y = 100 \\ \hline & y = 36 \end{array}$$

이제 $y=36$을 ①식에 대입하면 $x+36=100$이 되므로 $x=64$가 됩니다. 따라서 $x=64$, $y=36$이 이 연립방정식의 해가 됩니다.

그런데 이 문제는 곰곰이 생각하면 아주 쉽게 해결할 수 있는 방법이 있습니다. 자, 다음과 같이 생각해 봅시다.

닭과 토끼가 각각 다리를 반씩 들고 있다고 생각합니다. 그러면 땅에 딛고 있는 다리의 총수는 272개의 절반인 136개입니다. 이때 닭은 한 마리에 1개의 다리를 땅에 딛고 있고, 토끼는 한 마리에 2개의 다리를 땅에 딛고 있는 셈입니다. 이어서

이 문제를 맞히는 사람을 공주와 결혼시키도록 하겠다.
닭과 토끼가 모두 100마리인데 다리를 세어보니 272개였다. 그럼 닭과 토끼는 몇 마리씩이냐?
휴우
너무 어려운 문젠데….
도저히 모르겠어.
제가 말씀 드리겠습니다.
말해보아라!
토끼는 36마리, 닭은 64마리 입니다.
허걱
어떻게 알았느냐? 실은 나도 답만 알고 푸는 방법은 모르고 있다.
어머나!
닭과 토끼가 각각 다리를 반씩 들고 있다면, 땅에 닫는 다리의 수는 136개 입니다. 여기서 또 다리 하나씩 더 들었다고 생각해 보십쇼.
닭과 토끼가 총 100마리니까 남은 다리는 136－100 = 36이지
그럼 토끼가 다리 네 개중 세 개를 들고 있고, 닭은 다리를 모두 들고 있습니다. 그러므로 토끼는 36마리입니다.
100마리에서 36마리를 빼면 닭은 64마리겠구나.
자네를 내 사위로 삼겠노라.
공주야
기대
기대
오빠
으헥
괜히 풀었다.
쿵
쿵
띠요옹

닭과 토끼의 다리를 하나씩 더 들었다고 생각해 봅시다.

그러면 닭과 토끼가 총 100마리이므로 남은 다리를 생각하면 136−100=36개입니다. 그런데 이제까지의 상황을 정리해 보면 닭은 다리를 모두 들고 있는 상태이고 토끼는 4개의 다리 중 3개를 든 상태이므로 남아있는 다리는 모두 토끼의 다리인 셈입니다.

따라서 토끼의 수는 36마리이고, 닭의 수는 100−36=64마리입니다.

1. 두 개의 미지수를 문자 x와 y를 이용하여 두 개의 일차방정식으로 연립방정식을 만듭니다.

2. 미지수가 2개인 일차방정식에서 해를 구하기 위해서는 2개의 식이 필요하며 2개의 식을 동시에 만족시키는 x와 y의 값을 찾아야 합니다.

8 교시

다항식의 전개와 인수분해

8교시 학습 목표

1. 다항식의 전개와 인수분해와의 관계를 이해할 수 있습니다.
2. 다항식을 인수분해 할 수 있는 판별법을 알 수 있습니다.

미리 알면 좋아요

1. **인수분해** 정식을 두 개 이상의 정식의 곱의 꼴로 나타내는 것을 특히 정식의 인수분해라고 하며, 그 곱을 만드는 각각의 정식을 그 곱의 인수라고 합니다. 보통의 인수분해에서는 더 이상 인수분해 할 수 없는 인수의 곱의 꼴까지 분해합니다.

2. **분배법칙** 두 수의 합에 어떤 수를 곱한 것은 각각에 그 수를 곱하여 더하는 것과 같습니다. 즉 세 자연수 a, b, c에 대하여 $a\times(b+c)=(a\times b)+(a\times c)$가 성립합니다.

8교시

문제

① 다음 문제에서 인수분해 할 수 있는 식과 인수분해 할 수 없는 식을 구분하고, 인수분해 할 수 있는 식의 결과를 쓰시오.

(1) x^2-1　　(2) x^2+1

(3) $a^2+2ab+b^2-1$　　(4) $a^2+2ab+b^2+1$

(5) $a^2+7ab+12b^2$　　(6) $a^2+7ab+13b^2$

(7) x^4+4　　(8) x^4+x+4

수학이 학문으로서 탄생하고, 자립하여 발전하게 된 것은 지금으로부터 2400년쯤 전의 그리스부터였습니다. 그런데 그 당시의 수학은 온통 기하학이었다고 해도 지나친 말은 아니었습니다. 플라톤이 세운 아카데미아의 정문에 '기하학을 모르는 자는 이 문을 들어오지 말라' 라는 경구를 써 놓은 것을 현재의 의미로 재해석하면 '수학을 모르는 자는 이 학교에 들어올 자격이 없다' 가 될 것입니다.

그리스 사람들은 '수' 를 '선분' 을 이용하여 나타내고 있었습니다.

예를 들어 수 a와 b의 덧셈 $(a+b)$를 길이 a의 선분과 길이 b의 선분을 이어 붙임으로써 나타내고 이해했습니다.

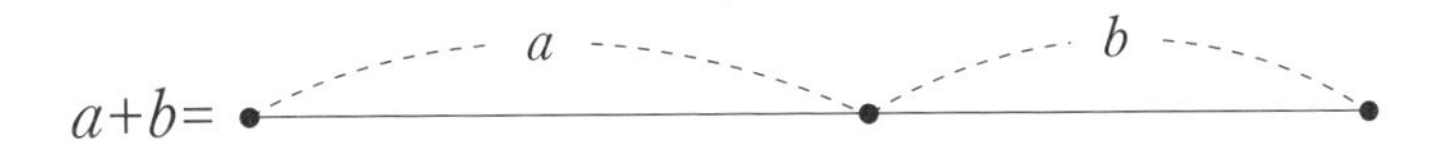

또 곱셈 $(a \times b)$는 한 변이 a, 다른 한 변이 b인 직사각형의 넓이로 나타내고 이해했습니다.

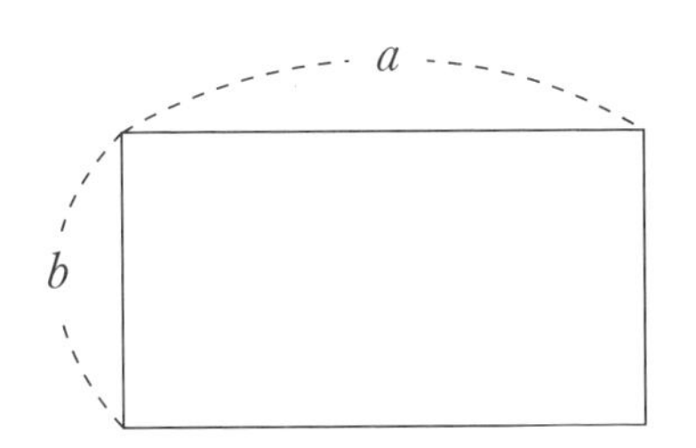

그리고 한 변이 $a+b$인 정사각형의 넓이는 다음과 같이 나타내었습니다.

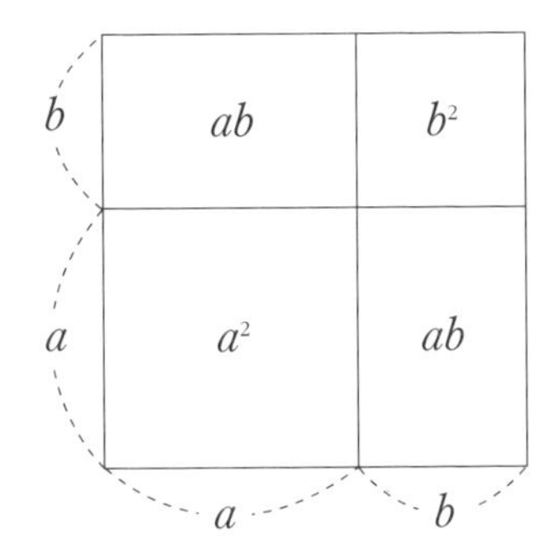

이번에도 한 변의 길이가 $(a+b)$이고 다른 한 변의 길이가 $(a-b)$인 직사각형의 넓이를 구해봅시다.

우선 한 변의 길이가 a인 정사각형에서 가로의 길이가 $(a+b)$이고, 세로의 길이가 $(a-b)$인 직사각형으로 변환시키는 과정을 그림으로 나타내면 다음과 같습니다. 그리고 가로의 길이가 $(a+b)$이고 세로의 길이가 $(a-b)$인 직사각형의 넓이 $(a+b)(a-b)$는 위의 그림에서 빗금 친 부분의 넓이와 같습니다.

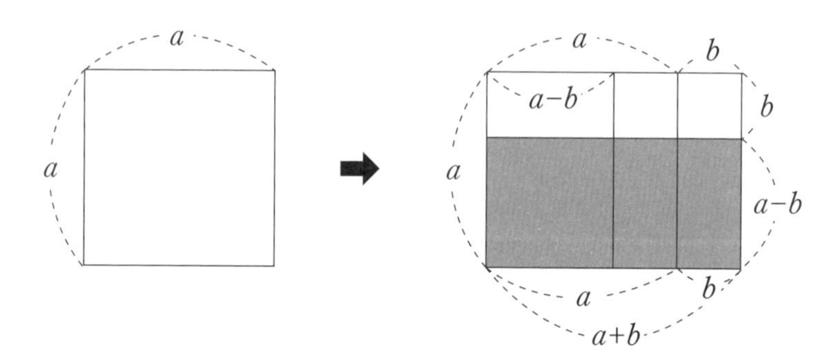

그런데 다음의 그림에서 ▲표시가 된 부분의 넓이는 ●표시가 된 부분의 넓이와 같으므로, $(a+b)(a-b)$의 넓이는 빗금 친 부분의 넓이와 같습니다.

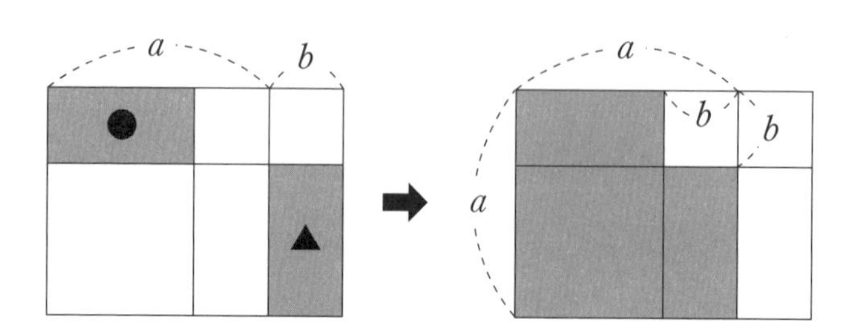

따라서 $(a+b)(a-b)$는 a^2-b^2로 나타낼 수 있습니다.

이제까지 다항식의 전개를 선분 계산에 의해 구하는 방법을 소개하였으며, 모든 다항식의 전개는 분배법칙을 이용하면 시간은 걸리지만 결국 모든 괄호가 풀리므로 하나의 다항식으로 나타낼 수 있습니다.

다만 다항식의 곱셈에서 특수한 꼴의 곱셈은 공식을 만들어 활용하면 편리한데, 그 대표적인 것이 다음과 같은 공식 다섯 가지입니다.

(1) $(x+a)(x+b) = x^2+(a+b)x+ab$

(2) $(a+b)^2 = a^2+2ab+b^2$

(3) $(a-b)^2 = a^2-2ab+b^2$

(4) $(a+b)(a-b) = a^2-b^2$

(5) $(ax+b)(cx+d) = acx^2+(ad+bc)x+bd$

위와 같이 몇 개의 다항식이 서로 곱해진 형태로 표현된 식을 분배법칙을 적용하여 괄호를 풀어서 계산하는 일은 고생스러울 수도 있지만 누구나 할 수 있는 일입니다.

이렇게 괄호를 풀어서 하나의 다항식으로 나타내는 일을 **전개한다**고 합니다. 전개하는 일은 보통 좌변에서 우변으로 옮기면서 좌변의 식이 변형되어 우변의 식에 이르게 되는 것을 말합니다. 그런데 이제는 우변에서 좌변으로 옮기면서 우변의 식이 변형되어 좌변의 식에 이르게 되는 것에 초점을 맞추어 보겠습니다. 이것은 마치 **전개한다**고 하는 입장에서 보면 촬영한 비디오를 보면 역회전시키는 것과 같은 이치입니다.

예를 들어 다음의 식을 읽어 나가는 모습을 관찰해 봅시다.

$$(x-2)(x-3) = x^2-5x+6 \cdots ①$$

$$x^2-5x+6 = (x-2)(x-3) \cdots ②$$

위에서 ①은 좌변에서 우변으로 공식을 읽어 나가는 것이며, ②는 ①에서 우변이었던 것을 좌변으로 공식을 읽어 나가는 것인데 이 두 가지를 놓고 비교해 볼 때, 수학적 모습이 매우 달라지고 있음을 알 수 있습니다.

②를 자세히 살펴보면, 이와 같은 등식은 주어진 다항식이 보다 간단한 다항식의 곱으로 분해되어 가는 모습을 보여주고 있습니다.

예컨대 ②에서는 x^2-5x+6이라는 다항식이 $(x-2)$와 $(x-3)$으로까지 분해될 수 있음을 보여줍니다.

이와 같이 주어진 다항식을 보다 간단한 다항식의 곱으로 나타내는 일을 **인수분해** 한다고 말합니다.

인수분해란 분자를 원소의 조성으로까지 분해하는 일과 비슷하다고 하여 원소대신에 **인수**라는 단어를 사용하게 된 것입니다.

그런데 여기서 수식을 가리켜 인수라고 하는 것은 이상하다는 느낌이 듭니다. 우리나라 수학 용어에서는 수를 너무 앞세우는 경향이 있습니다. 영어로는 인수를 factor팩터라고 하며 인수분해를 factorization팩토리제이션이라고 하는데 factor에서의 요소라는 의미와 factorization의 요소분해도 어째 우리나라와는 맞지 않는 느낌이 듭니다.

이제 다시 한 번 수식을 전개하는 일과 인수분해 하는 일을 설명하면 다음 그림과 같이 서로 가역 반응을 하는 것으로 생각해도 좋을 것입니다.

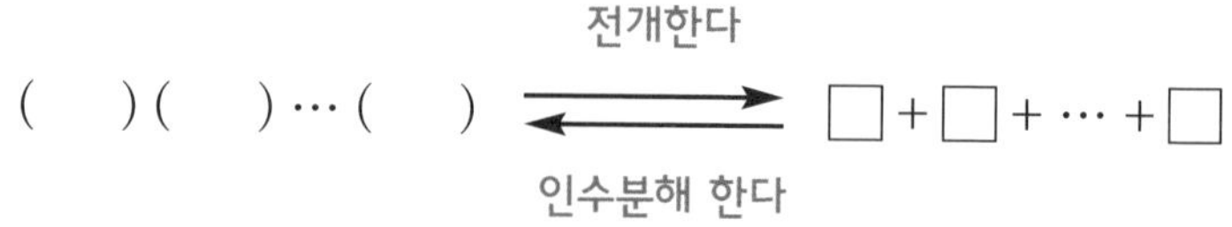

전개한다

$$(\quad)(\quad)\cdots(\quad) \rightleftarrows \square+\square+\cdots+\square$$

인수분해 한다

위와 같이 그려놓고 보면 전개한다는 것이나 인수분해 한다는 것이나 수식을 계산한다는 입장에서는 같은 무게감을 가진 것처럼 보이지만 실제로는 그렇지 않습니다.

즉 전개하는 쪽은 분배법칙을 이용하기만 하면 누구라도 반드시 할 수 있습니다. 전개해 나가는 과정에서 일반적으로 식이 점점 길어지기 때문에 계산이 능숙하고 서투른 정도에 따라서, 과정 중에 나오는 식을 정리하는 방법이 좋고 나쁨에 따라, 최후의 목표에 도달하는 시간에는 차이가 있으나 언젠가는 틀림없이 목표에 도달할 수 있습니다.

반대로 인수분해를 하는 쪽은 주어진 다항식이 그 이상 간단한 다항식의 곱으로 분해되지 않을 경우도 있습니다. 화학에

서 예를 든다면, 주어진 다항식이 원소인지 화합물인지 분간하기가 곤란한 경우입니다.

만일 그 이상 인수분해가 불가능한 식을 어떻게 하던지 인수분해 하려고 노력하여도, 그것은 헛된 노력이 될 뿐입니다.

이상과 같이 인수분해 할 수 있는 식과 인수분해 할 수 없는 식의 차이를 다항식의 형태로써 판별하는 일은 미묘하고 어려운 일입니다.

따라서 앞으로 인수분해를 할 때 가장 많이 사용되는 다음의 공식을 익숙하고 편하게 사용할 수 있는 방법을 설명해 보겠습니다.

$$(ax+b)(cx+d) = acx^2+(ad+bc)x+bd$$

그런데 위와 같은 공식은 우변이 기억하기 곤란한 형태로 되어 있습니다.

그래서 이것을 다음과 같이 보면서 하나씩 해결해 봅시다.

$$\begin{pmatrix} ax+b \\ cx+d \end{pmatrix} \Rightarrow \boxed{\begin{matrix} a & b \\ c & d \end{matrix}}$$

우선 위와 같은 형태로 나타내면, x^2의 계수 ac는 이 사각테두리의 왼쪽에 배열된 a와 c를 곱한 것이 되고, 상수항 bd는 오른쪽에 배열된 b와 d를 곱한 것이 됩니다. 한편 x의 계수 $ad+bc$는 이 사각테두리에 있는 수를 비껴서 곱하여 더한 꼴이 됩니다.

위와 같은 사실을 알게 되면, x의 이차식 $6x^2+17x+5$라는 다항식을 인수분해 할 수 있는지를 확인할 수 있습니다.

만일 인수분해가 가능하다면 x의 이차식을 다음과 같이 나타낼 수 있습니다.

$$6x+17x+5 = (ax+b)(cx+d)$$

따라서 a, b, c, d에 해당하는 수를 찾아내면 되는 것입니다.

앞에서 나타냈듯이, 아래와 같이 되어 있어야 합니다.

a b → c d : 6 5

a b ↘↙ c d : ○ + ○ = 17

위의 조건을 충족하는 것으로는 아래와 같이 6가지가 있습니다.

1 1	6 5	2 5	2 1	3 5	3 1
6 5	1 1	3 1	3 5	2 1	2 5

위의 6가지 가운데에서 오른쪽 조건을 충족시키는 것은 마지막뿐입니다.

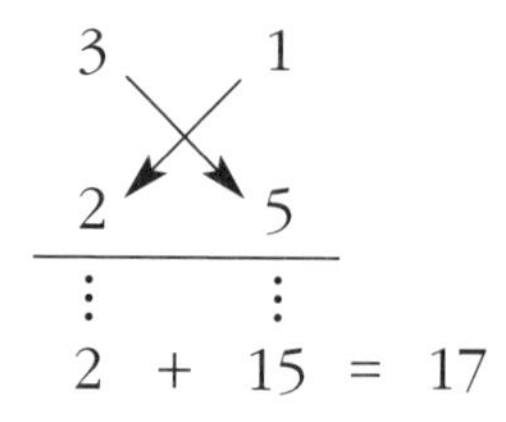

이것으로 $6x^2+17x+5 = (3x+1)(2x+5)$ 로 인수분해 된다는 것을 알 수 있습니다.

이제 처음의 문제로 돌아가서 인수분해를 할 수 있는 식을 모두 고르면 (1), (3), (5), (7)번이며, 이것들을 인수분해 한 결과는 다음과 같습니다.

(1) $x^2-1 = (x+1)(x-1)$

(3) $a^2+2ab+b^2-1 = (a+b-1)(a+b+1)$

(5) $a^2+7ab+12b^2 = (a+3b)(a+4b)$

(7) $x^4+4 = (x^2-2x+2)(x^2+2x+2)$

1. 수학이 온통 기하학뿐이었던 그리스에서는 수를 선분을 이용하여 이해하고 나타내었습니다.

2. 모든 다항식의 전개는 분배법칙을 이용하면 시간은 걸리지만, 결국 괄호가 모두 풀리고 하나의 다항식으로 나타낼 수 있습니다.

3. 인수분해 할 때 가장 많이 사용되는 방법은 다음과 같습니다.
$acx^2+(ad+bc)x+bd=(ax+b)(cx+d)$

9 교시
이차방정식과 해법

9교시 학습 목표

1. 이차방정식의 원리를 도형으로 이해할 수 있습니다.
2. 이차방정식의 해를 구하는 방법을 알 수 있습니다.

미리 알면 좋아요

1. 이차방정식 a, b, c를 상수, x를 변수라고 할 때, 식을 정리한 결과가 $ax^2+bx+c=0(a\neq 0)$으로 나타낸 방정식을 말합니다. 즉 미지수의 최고 지수가 2인 방정식입니다.

2. 상수항 수식에서 늘 일정하여 변하지 않는 값을 가진 수나 양을 가진 항을 말합니다.

9교시

문제

1. 세로의 길이가 가로의 길이보다 2cm 긴 직사각형이 있습니다. 이 직사각형의 세로와 가로의 길이를 5cm씩 연장하여 직사각형을 만들었더니 넓이가 $143cm^2$가 되었습니다. 원래의 직사각형의 세로와 가로의 길이를 구하시오.

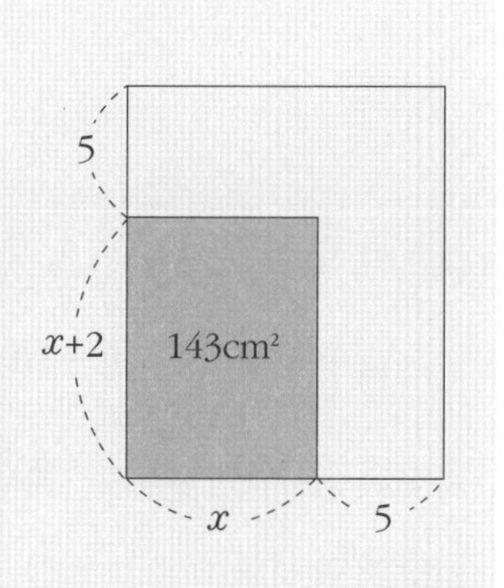

② 정사각형 모양의 성이 있습니다. 각 성벽의 중점에는 문이 하나씩 있는데 북문에서 3m 북쪽에는 오래된 나무가 있습니다. 그런데 성벽이 나무보다 높아 보이지 않았습니다. 그런데 남문에서 남쪽으로 4m 내려가고, 거기서 다시 서쪽으로 3m 가면 나무가 보인다고 합니다. 그럼 이 성의 한 변의 길이는 얼마인지 구하시오.

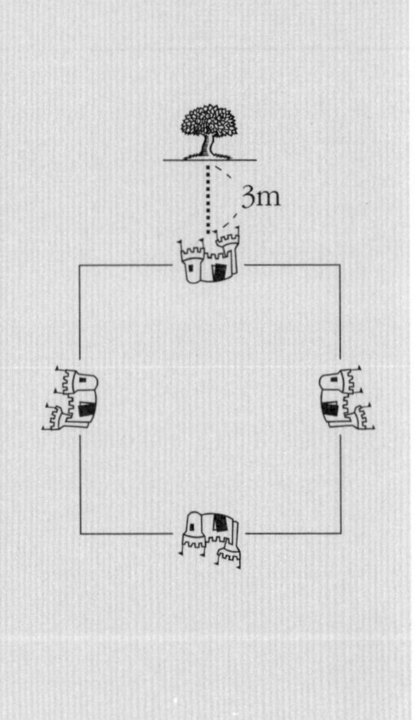

앞서 7교시에서 고대 그리스인들은 수를 선분으로 이해했다는 설명을 했습니다. 이번에도 이차방정식을 그리스인들처럼 이해해 보는 방법을 소개한 후, 본격적인 이차방정식 공부를 할까 합니다.

이차방정식 $x^2+5x+6=0$의 풀이를 생각해 봅시다.

먼저 x^2은 한 변의 길이가 x인 정사각형의 넓이를 뜻합니다.

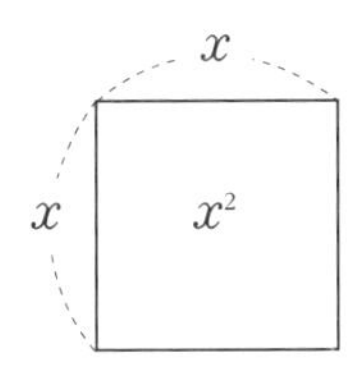

그러면 $5x$는 가로가 5이고 세로가 x인 직사각형의 넓이를 의미합니다.

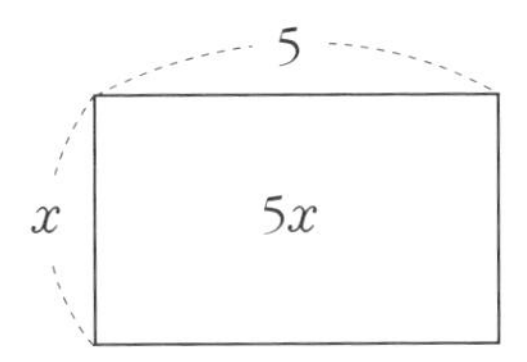

또한 6은 1의 여섯 배이므로 한 변의 길이가 1인 정사각형 6개의 넓이가 됩니다.

1
1

따라서 $x^2+5x+6=0$의 도형을 늘어놓으면 다음과 같은 모양이 됩니다.

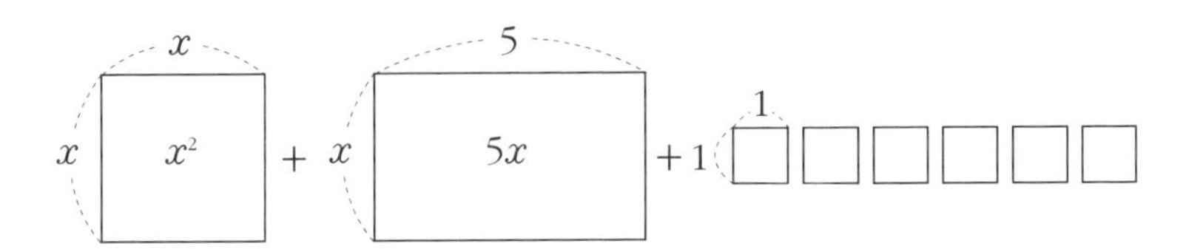

그런데 가운데 도형 $5x$를 $3x$와 $2x$의 넓이를 가진 두 직사각형으로 나누면 다음과 같은 모양이 됩니다.

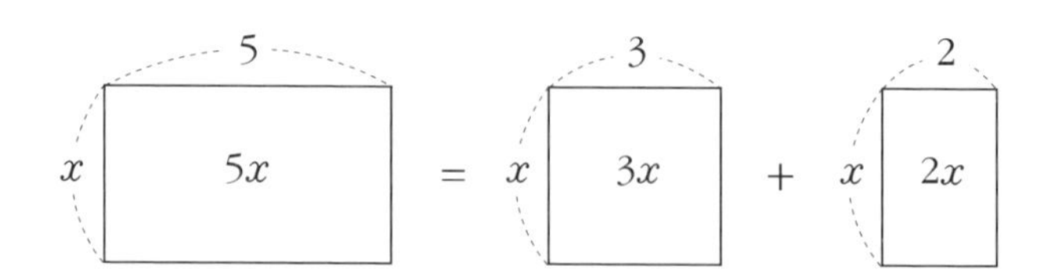

이제 x^2과 $3x$와 $2x$ 그리고 6 도형을 직사각형이 되도록 붙이면 다음과 같은 직사각형 모양이 됩니다.

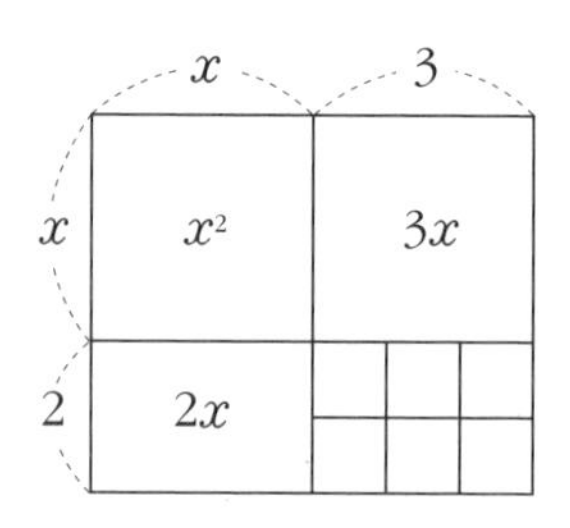

즉 가로가 $x+3$이고 세로가 $x+2$인 직사각형이 됩니다.

그러므로 x^2+5x+6의 도형은 $(x+3)(x+2)$의 도형이 됨을 알 수 있습니다. **이차방정식이란 이항하여 정리한 방정식이 (x에 관한 이차식)=0의 꼴로 되는 방정식을 말합니다.**

예를 들어 $3x^2=15-2x$라는 방정식은 우변과 좌변으로 이항하여 정리하면 다음과 같습니다.

$$3x^2+2x-15=0$$

위의 식은 (x에 관한 이차식)=0 의 꼴이 되므로 이차방정식입니다. 다시 말해 등식이 이차방정식인지 아닌지는 모든 항을 좌변으로 이항하여 정리한 다음에 판단해야 합니다.

예를 들어 $(x-1)(x+2)=x^2$은 마치 이차방정식처럼 보이지만 좌변을 전개하고 우변의 x^2을 이항하면 $x^2+x-2-x^2=0$이 되므로 $x-2=0$이 되어 이차방정식이 아닌 일차방정식이 되는 것입니다.

그럼 이차방정식은 어떻게 풀어야 할까요?

이전 시간에 인수분해 하는 방법을 배웠습니다. 그리고 방정식은 인수분해를 이용하여 풀면 매우 유용하다는 것을 알았습니다. 하지만 인수분해는 수학적인 이론이라기보다는 기교에 가까운 것이어서 수학사전에도 특별히 언급하고 있지 않습니다. 그러나 방정식을 풀 때는 인수분해가 매우 유용하게 사용되므로 대수에서는 없어서는 안 되는 아주 요긴한 기교라고 할 수 있습니다.

이제 3차방정식 $x^3-6x^2+11x-6$의 해를 구해봅시다.

위의 식을 인수분해 하면,

$x^3-6x^2+11x-6$

$=x^3-6x^2+5x+6x-6$

$=x(x^2-6x+5)+6(x-1)$

$=x(x-1)(x-5)+6(x-1)$

$=(x-1)\times(x^2-5x+6)$

$=(x-1)(x-2)(x-3)$ 이 됩니다.

위와 같이 주어진 식을 인수분해 하면 편리한 점이 있습니다. 인수분해 하기 전에는 잘 몰랐던 성질을 알 수 있기 때문입니다. 그 성질이란 위의 인수분해 한 식이 3개의 항의 곱으로 되어 있어서, 그 중 하나의 항이 0이면 전체가 0이 되어버린다는 것입니다. 따라서 $(x-1)(x-2)(x-3)=0$이라는 방정식이 있을 때, 이 방정식의 해는 $x=1, 2, 3$이라는 것을 한눈에 알 수 있습니다. 인수분해의 위력은 이런 데에 있습니다.

이번에는 완전제곱수를 이용하여 이차방정식 $x^2+8x+11=0$을 풀어 봅시다. 먼저 상수항 11을 우변으로 이항하면

$x^2+8x=-11$이 됩니다.

좌변이 완전제곱식이 되기 위해서는 $(\frac{8}{2})^2$이 필요하므로 양변에 $(\frac{8}{2})^2$인 16을 더하면

$$x^2+8x+16=-11+16$$
$$(x+4)^2=5$$
$$x+4=\pm\sqrt{5}$$

$x=-4\pm\sqrt{5}$ 가 됩니다.

그렇다면 다음과 같이 인수분해도 안 되고 이항하여 완전제곱식의 방법으로도 해결이 안 되는 이차방정식은 어떻게 해결

해야 할까요?

① $x^2-17x-48=0$ 인수분해가 안 되는 경우

② $5x^2-8x+3=0$ 이항의 방법이 통하지 않는 경우

위와 같은 이차방정식을 해결할 수 있는 방법이 바로 **근의 공식**입니다. 그러나 근의 공식도 알고 보면 앞에서 설명했던 이항의 방법과 근본적으로 똑같은 것입니다.

근의 공식을 구하는 과정은 다음과 같습니다. 그러나 공식을 덮어놓고 외우는 것보다는 그 과정을 확실히 이해해야 합니다.

이차방정식 $ax^2+bx+c=0$에서 a는 0이 아니므로 왜냐하면 $a=0$이면 $bx+c=0$이 되어서 이차식이 아니기 때문이다 양변을 a로 나눕니다.

$$x^2+\frac{b}{a}x+\frac{c}{a}=0 \cdots\cdots ①$$

좌변을 완전제곱꼴로 만들기 위해서 상수항 $\frac{c}{a}$를 이항합니다.

$$x^2+\frac{b}{a}x=-\frac{c}{a} \quad \cdots\cdots ②$$

그래서 $(x+\square)^2=\triangle$와 같은 꼴로 만들어 줍니다.

②의 좌변이 완전제곱식이 되도록 양변에 $(\frac{b}{2a})^2$을 더합니다.

$$x^2+2(\frac{b}{2a})x+(\frac{b}{2a})^2=-\frac{c}{a}+(\frac{b}{2a})^2=\frac{b^2-4ac}{4a^2}$$

$$(x+\frac{b}{2a})^2=\frac{b^2-4ac}{4a^2}$$

제곱근을 구하면

$$x+\frac{b}{2a}=\pm\sqrt{\frac{b^2-4ac}{4a^2}}=\pm\sqrt{\frac{b^2-4ac}{(2a)^2}}=\pm\frac{\sqrt{b^2-4ac}}{2a}$$

$\frac{b}{2a}$를 이항하면

$$x=-\frac{b}{2a}\pm\frac{\sqrt{b^2-4ac}}{2a}=\frac{-b\pm\sqrt{b^2-4ac}}{2a}$$

이번에는 이차방정식 $x^2-4x+3=0$과 이차함수 $y=x^2-4x+3$을 비교해 봅시다. 위의 이차방정식 $x^2-4x+3=0$에서 0의 자리에 y를 놓으면 $y=(x-2)^2-1$과 같이 나타낼 수 있으므로 이차함수 $y=(x-2)^2-1$을 그래프로 그리면 다음과 같이 됨을 알 수 있습니다.

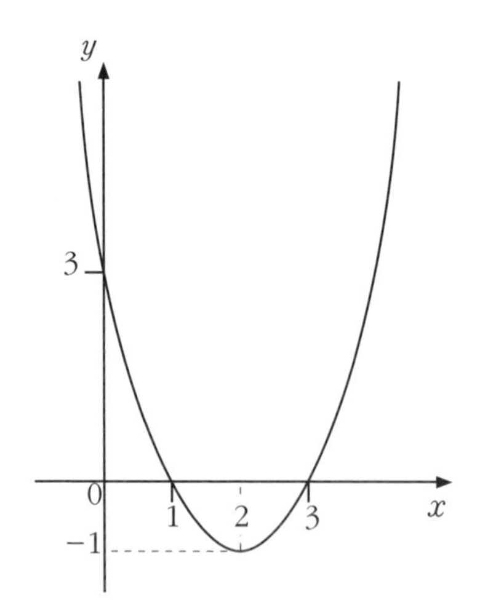

이때, $y=x^2-4x+3=(x-1)(x-3)$과 같이 인수분해가 되므로 해는 1과 3이 됩니다. 그런데 그래프가 x축과 만나고 있는 점이

바로 1과 3입니다. 즉 x축과 $y=x^2-4x+3$의 교점이 $x^2-4x+3=0$의 해가 되는 것입니다. 그런데 이러한 현상은 왜 나타나는 것일까요? 그것은 두 식을 자세히 살펴보면 쉽게 알 수 있습니다.

$x^2-4x+3=0$ …… ①

$x^2-4x+3=y$ …… ②

①과 ② 식을 보면 ①식의 0의 자리에 ②식의 y가 있습니다. 즉 y가 항상 0인 경우는 x축 좌표상이므로, 그래프에서 y가 0인 x의 좌표를 찾으면 그 점이 바로 이차방정식의 해가 되는 것입니다.

이제 처음의 문제로 돌아가서 1번 문제를 해결해 봅시다.

최초에 주어진 직사각형의 가로의 길이를 $x$cm라고 하면, 세로의 길이는 $(x+2)$cm가 됩니다. 이것을 5cm씩 연장했으므로 새로 만들어진 직사각형의 가로와 세로의 길이는 각각 $(x+5)$cm와 $(x+7)$cm가 됩니다. 그리고 그 넓이가 143cm^{2}이므로 다음과 같은 방정식이 만들어집니다.

$$(x+5)(x+7)=143$$

위의 식에서 좌변의 괄호를 전개하면 다음과 같습니다.

$$(x+5)(x+7)=x^2+12x+35$$

$$x^2+12x+35-143=0$$

$$x^2+12x-108=0$$

이것을 인수분해 하면 다음과 같습니다.

$$(x+18)(x-6)=0$$

x는 6이거나 -18이 되는데, 직사각형의 변의 길이는 -18이 되는 일이 없으므로 답은 6cm입니다.

그런데 -18이라는 뜻밖의 답이 나오는 이유는 무얼까요?

그 이유는 구하고자 하는 x가 $x^2+12x-108=0$을 충족시키는 것은 분명하지만, 이 방정식을 충족시키는 x가 모두 구하고자 하는 변의 길이라는 보장은 없기 때문입니다. 즉 변의 길이가 $x^2+12x-108=0$이라는 관계를 충족시킬 필요가 있지만, 이 관계를 충족시키기만 하면 어떤 x라도 충분하다는 것은 아닙니다. 다음과 같은 간단한 보기가 더 알기 쉬울 것입니다.

넓이가 9cm^2인 정사각형의 한 변의 길이를 구하는 문제에서, 한 변의 길이를 $x$cm로 하여 방정식을 세우면 $x^2=9$가 됩니다. 그러면 방정식의 근으로 3과 -3이 나오지만 -3은 버려야 하는 것과 같은 이유입니다.

이제 ②번 문제를 해결해 봅시다.

성벽의 한 변의 길이를 x라고 하고 주어진 조건으로 그림을 그려 봅시다.

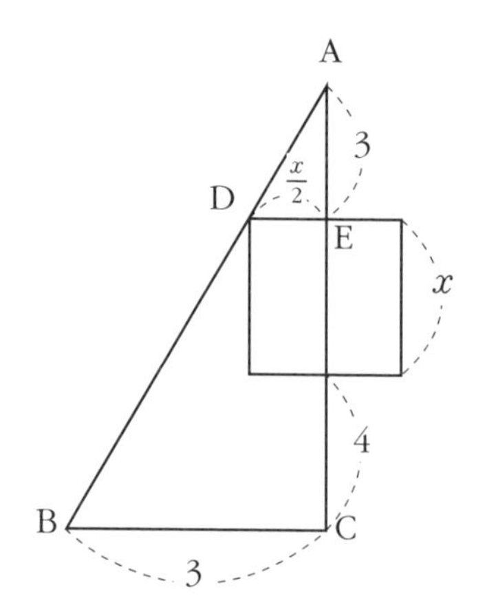

위의 그림에서 A는 나무의 위치를, E는 북문을 나타냅니다. 삼각형 ADE와 삼각형 ABC는 닮음이니까 닮음비를 이용하면

DE= $\frac{x}{2}$ 이므로

$3:\frac{x}{2}=(3+x+4):3$ 이 되고,

내항의 곱은 외항의 곱과 같으므로 이 식을 정리하면 다음과 같습니다.

$$\frac{x}{2}(3+x+4)=3\times3$$

위 식의 양변에 2를 곱하고 식을 전개합니다.

$x(x+7)=18$

$x^2+7x-18=0$

이제 이차방정식이 되었으므로 이 식을 인수분해 하면 $(x+9)(x-2)=0$이 되므로, $x=-9$ 또는 $x=2$가 됩니다.

그런데 성벽의 길이가 음수가 될 수 없으므로 성벽의 길이는 2m가 됩니다.

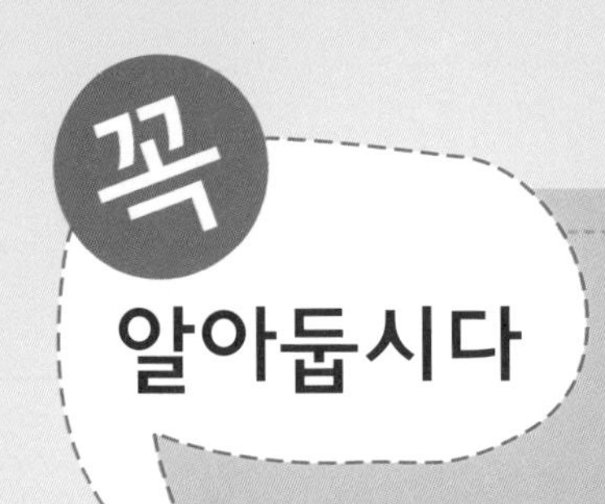

1. 인수분해는 수학적인 이론이라기보다는 기교에 가까운 것이어서 수학의 중요한 부분을 차지하지는 않지만 3차 이상의 방정식을 풀 때는 인수분해가 매우 유용하게 사용되므로 대수에서는 없어서는 안 되는 아주 요긴한 기교라고 할 수 있습니다.

2. $(x-1)(x-2)(x-3)=0$이라는 방정식이 있을 때, 이 방정식의 해는 $x=1, 2, 3$ 이라는 것을 한눈에 알 수 있습니다. 인수분해의 위력은 바로 여기에 있습니다.

10 교시

분수방정식

10교시 학습 목표

1. 분수방정식의 의미를 이해할 수 있습니다.
2. 분수방정식의 의미를 이용하여 해를 구할 수 있습니다.

미리 알면 좋아요

1. **약분** 분모와 분자를 동시에 나누어 분수의 값을 변화시키지 않고 분수를 간단히 하는 것입니다. 예를 들어 $\frac{10}{12}$은 분자와 분모를 동시에 2로 나누어 약분하여 $\frac{5}{6}$라는 수로 간단히 할 수 있습니다.

2. **통분** 두 개 이상의 분수의 분모가 서로 다를 때, 이들 분수의 값을 변화시키지 않고 분수의 분모를 같게 만들어 주는 것입니다. 통분할 때는 통분해서 나오는 결과의 분모가 각 분수의 최소공배수가 되도록 분자와 분모에 같은 수를 곱합니다.

10 교시

문제

1 다음 분수방정식의 해를 구하시오

① $\frac{1}{x-2}+\frac{1}{x+3}=1$

② $\frac{2x-5}{x^2+3x+2}+\frac{4}{x^2-4}=\frac{1}{x-2}$

분수식 사이의 관계에 의하여 미지수 x가 충족시켜야 할 조건이 주어져 있을 때, 이 관계식을 **분수방정식**이라고 합니다. 분수방정식을 공부하기 전에 분수식의 성질을 먼저 알아보는 것이 분수방정식을 이해하는데 도움이 될 것입니다.

먼저 분수식을 쓸 경우 ÷의 기호를 사용하는 일은 거의 없습니다. 그 이유는 분명하지 않지만, 아마도 ÷의 기호로는 계산의 규칙을 읽어내기가 쉽지 않아서일 것입니다. 왜냐하면 수식이 좀 길어지면 ÷의 기호를 사용하는 데에 한계가 나타나기 때문입니다. 예를 들어 두 개의 수식을 비교해봅시다.

(1) $\dfrac{5c}{\dfrac{a}{A}+\dfrac{b}{B}}$

(2) $5c \div [(a \div A)+(b \div B)]$

위의 두 식을 비교해보면 두 식이 같은 수식이라는 것을 알 수 있습니다. 그러나 (2)번식은 (1)번식처럼 그 모양이 쉽게 느껴지지 않습니다.

분수식에서는 분모에 나타나는 문자에는, 분모가 0이 되게 하는 수 값을 대입해서는 안 됩니다. 왜냐하면 분수에서 분모가 0이 되면 모든 분수의 값은 0이 되기 때문입니다.

$$\frac{a^2-b^2}{a-b}=a+b$$

위의 식에서 분모가 0이 되어 버리는 경우는 a와 b가 같은 수일 때이므로 이러한 분수식에서 $a=b$의 경우는 제외해야 합니다.

우리는 수 값의 경우에는 분모가 0이 되게 하는 값을 절대로 놓쳐서는 안 된다는 것을 잘 알고 있으면서도, 문자식의 경우에는 종종 실수를 하는 경향이 있습니다.

다음은 분수식의 계산에 대해 알아보겠습니다.

분수식의 계산에서도 분수의 경우와 마찬가지로 처음의 분수식을 약분하는 그림과 약분된 뒤의 모습을 비교해 봅시다.

$$\frac{a^3-5a^2+6a}{a^6-9a^4}=\frac{a(a-2)(a-3)}{a^4(a^2-9)}$$

$$=\frac{(a-2)(a-3)}{a^3(a+3)(a-3)}$$

$$=\frac{(a-2)}{a^3(a+3)}$$

매우 단순한 모습으로 변했습니다.

이 식에 $a=-7$을 대입해 봅시다.

$$\text{좌변}=\frac{a^3-5a^2+6a}{a^6-9a^4}=\frac{(-7)^3-5\times(-7)^2+6\times(-7)}{(-7)^6-9(-7)^4}$$

$$=-\frac{630}{96040}$$

$$\text{우변}=\frac{a-2}{a^3(a+3)}=\frac{-7-2}{(-7)^3\ (-7+3)}=-\frac{9}{1372}$$ 이 됩니다.

물론 $\frac{630}{96040}$과 $\frac{9}{1372}$는 같은 수로 실제로 $\frac{630}{96040}$을 약분하면 $\frac{9}{1372}$가 됩니다.

두 번째로 분수식에서의 통분을 살펴보겠습니다.

통분이란 분모의 크기를 같게 하는 일인데 수의 경우를 생각해 보더라도

$\frac{1}{6}+\frac{1}{15}=\frac{1}{2\times3}+\frac{1}{3\times5}=\frac{5+2}{2\times3\times5}=\frac{7}{30}$과 같이 공통의 약수가 있을 때에는 반드시 $6\times15=90$으로 나타내지 않아도 됩니다. 분수식에서도 동일한 규칙이 적용됩니다. 분수식에서의 통분과정을 소개해 보겠습니다.

$$\frac{x-4}{x^2-4x+3}+\frac{x-5}{x^2-5x+6}$$

$$=\frac{x-4}{(x-1)(x-3)}+\frac{x-5}{(x-2)(x-3)}$$

$$=\frac{(x-4)(x-2)+(x-5)(x-1)}{(x-1)(x-2)(x-3)}$$

이 분자를 전개하여 정리하면 결국

$=\frac{2x^2-12x+13}{(x-1)(x-2)(x-3)}$이 됩니다.

이번에는 분수의 대소 관계에 대해 알아보겠습니다.

분수의 대소 관계에서는 2개의 수 a, b에 대하셔 $0<a<b$라면 $\frac{1}{a}>\frac{1}{b}$이 성립한다는 것이 기본입니다.

그러므로 자연수의 증가열에 대응하여 분수의 감소열이 아래와 같이 얻어집니다.

$1 < 2 < 3 < 4 < \cdots < n < \cdots$ **자연수의 증가열**

$1 > \frac{1}{2} > \frac{1}{3} > \frac{1}{4} > \cdots > \frac{1}{n} > \cdots$ **분수의 감소열**

n이 커지면 $\frac{1}{n}$은 0에 가까워집니다. 즉 n이 10만이 되면 $\frac{1}{n}$은 0.00001이 되고 n이 1억이 되면 0.000000001이 됩니다. 분수의 대소에 관한 다음과 같은 재미있는 문제가 있습니다.

어떤 장소에 나무가 한 그루 있는데, 이 나무는 심은 지 1년째에는 1m의 높이가 되고, 2년째에는 $\frac{1}{n}$m만큼 자랍니다. 조금씩이지만 이와 같은 식으로 확실히 자라는 나무는 오랜 햇수가 지나면 하늘을 향해 정말 한없이 자라게 될까요, 아니면 일정한 높이 이상으로 자라지 않게 될까요?

위의 문제를 수식으로 나타내면 다음과 같이 됩니다.

$$h\text{m} = 1+\frac{1}{2}+\frac{1}{3}+\cdots+\frac{1}{n}$$

햇수 년째	나무의 높이 m
1	1.00000
2	1.50000
3	1.83333
4	2.08333
5	2.28333
10	2.92897
15	3.31823
20	4.27854
30	5.18738
40	8.28223
100	5.18738
110	5.28223
120	5.36887
130	5.44859
150	5.59118
170	5.71595
200	5.87803

n이 커질 때, hm는 점점 더 커지는가, 아니면 hm은 결코 어떤 수를 초과할 수 없는가 하는 것을 묻고 있는 것입니다. 그렇다면 n이 커질 때 hm의 값을 실제로 몇 개 계산해 보면 위의 두 가지 경우 가운데 어느 쪽이 맞는지 쉽게 알 수 있을 거라고 예상하지만 그래도 역시 잘 알 수 없는 것이 이 문제의 어려움입니다.

오른쪽의 표를 보면 알 수 있듯이, 200년이 지나도 나무의 높이는 아직도 6m가

채 안됩니다. 실제로 좀 더 계산을 해 보면 1만년이 지났을 때 나무의 높이는 9m 80cm 정도이며, 10만년이 지나도 12m가

조금 더 될 정도밖에 안됩니다. 이래가지고는 예상을 세울 방도가 없겠습니다. 그러나 실제로는 햇수가 지나면서 나무의 높이는 한없이 높아짐을 알 수 있습니다.

그것은 다음을 보면 알 수 있습니다.

$$\frac{1}{3}+\frac{1}{4} > \frac{1}{4}+\frac{1}{4}=\frac{2}{4}=\frac{1}{2}$$

$$\frac{1}{5}+\frac{1}{6}+\frac{1}{7}+\frac{1}{8} > \frac{1}{8}+\frac{1}{8}+\frac{1}{8}+\frac{1}{8}=\frac{4}{8}=\frac{1}{2}$$

$$\frac{1}{9}+\frac{1}{10}\cdots\frac{1}{16} > \frac{1}{16}+\frac{1}{16}+\cdots+\frac{1}{16}=\frac{8}{16}=\frac{1}{2}$$

$$\frac{1}{17}+\frac{1}{18}+\cdots+\frac{1}{32} > \frac{1}{32}+\frac{1}{32}+\cdots+\frac{1}{32}=\frac{16}{32}=\frac{1}{2}$$

이제 처음에 주어진 문제를 생각해 봅시다.

(1)을 풀기 위해서는 양변에 $(x-2)(x+3)$을 곱합니다.

$$\frac{1}{x-2}+\frac{1}{x+3}=1$$

$$\frac{1}{x-2}(x-2)(x+3)+\frac{1}{x+3}(x-2)(x+3)=(x-2)(x-3)$$

$$(x+3)+(x-2)=(x-2)(x+3)$$

위와 같은 방정식이 얻어지고, 분수방정식의 모습은 사라져버립니다. 그러나 여기서 주의해야 할 점은, 미지수 x는 절대로 분모가 0이 되게 하는 값이 될 수 없다는 것입니다. 즉 x가 2이거나 x가 -3이어서는 안 됩니다. 위의 식을 전개하여 봅시다.

$$(x+3)+(x-2)=(x-2)(x+3)$$

$$2x+1=x^2+x-6$$

$$x^2-x-7=0$$

따라서 해는 $x=\dfrac{1\pm\sqrt{29}}{2}$가 됩니다. 분모가 0이 되게 하지 않으므로 이것은 동시에 분수방정식의 근도 됩니다,

다음에 (2)번 문제를 풀어봅시다.

$$\frac{2x-5}{x^2+3x+2}+\frac{4}{x^2-4}=\frac{1}{x-2}$$

위의 문제의 좌변의 분모는 각각 다음과 같은 이차방정식입니다.

$$x^2+3x+2=(x+1)(x+2)$$

$$(2x-5)(x-2)+4(x+1)=(x+1)(x+2)$$

위의 이차방정식을 전개하여 인수분해 해 봅시다.

$$x^2-8x+12=0$$

$(x-2)(x-6)=0$이 됩니다.

따라서 이차방정식의 근은 $x=2$ 또는 $x=6$이지만, $x=2$라면 분수방정식의 분모에 나타나 있는 x^2-4와 $x-2$가 0이 되므로 제외해야 합니다. 따라서 $x=6$만이 분수방정식의 근이 됩니다.

1. 분수식에서는 분모에 나타나는 문자에 분모가 0이 되게 하는 수 값을 대입해서는 안 됩니다. 왜냐하면 분수에서 분모가 0이 되면 모든 분수의 값은 0이 되기 때문입니다.

2. 분수방정식에서 약분과 통분을 이용하면 분수방정식의 모습은 사라지고 일반적인 방정식이 됩니다. 그러나 해 중에서 분수방정식에서 분모를 0으로 만드는 해는 제외시킵니다.